El Secreto de la Inmortalidad

Comprenderás y sanarás la mayoría de los conflictos de tu vida... con este libro

Jorge Wilcke

Introducción

Queridos amigos bienvenidos a este libro.

En la introducción es especialmente importante destacar que este libro está hecho especialmente para aquellos a los que le gusta tener las cosas negro sobre blanco, como se refieren habitualmente a los libros de texto.

El libro original es un libro multimedia que incluye numerosos archivos de vídeo y audio que son totalmente incompatibles con el peso permitido en ciertas aplicaciones del libro físico o de libro de texto. Es por eso que hemos decidido efectuar este libro para todos ustedes.

Aquí se encontrarán determinadas expresiones y modismos que no son normalmente utilizados en un libro pero que si lo van encontrar en el presente, debido a que se trata de un libro literalmente..... copia de la palabras expresadas en nuestro vídeos.

Encontrarás que este libro no se regirá por aquellas "reglas" gramaticales que algunos utilizan para encorsetarnos en nuestras libertades, subestimando el poder de nuestra conciencia e intentando obligar a todos a utilizar un lenguaje escrito del que por suerte los jóvenes de nuestra era ya se han liberado en su mensajería instantánea.....

Habrás visto mil veces..... espectaculares ejemplos donde nuestra mente ejercita a la perfección, y con su habitual velocidad, la lectura de textos en los que intencionalmente se han cambiado los términos y las sílabas de todas sus palabras sin que ello nos impida en nada su comprensión....

Recuerdo que cuándo Luis XIV de Francia sintió que en Versalles las cosas se la iban de las manos en su Corte..... creó "nuevas reglas" que debían ser observadas por todos…. para limitar las expresiones y actitudes de los hombres y hacerlas totalmente predecibles….. las reglas de "Etiqueta" de la Corte….

En nuestro libro multimedia, las palabras y el estilo literario han sido dejados de lado, para apelar directamente al tercer y cuarto lenguaje que ya estamos utilizando en esta nueva Era de Sabiduría…la de Acuario…. así como al los puntos suspensivos, que brindan a los humanos la posibilidad de reflexión y conexión en una lectura "meditativa" de este libro…..

Los nuevos lenguajes refieren especialmente a la intuición y la resonancia que sentimos habitualmente, cuando nosenfrenta- mos a la información que nos llega diariamente del entorno o de textos como éste cuando los abordamos…..

En los comienzos es importante destacar que realmente… todo largo de los años en las consultas, las terapias, la consultainter- nacional y una serie de actividades… hemos encontrado que esta es la razón de más del 95% de los conflictos que tenemos en la vida….

Debido a eso hemos profundizado muchísimo en los últimos años….

Hemos profundizado en los propios conflictos y en la base de la historia…. que si duda es nuestra propia Alma….

Como esta conformada nuestra Alma?

Que contiene?

Cómo es que generamos un "doble" de alguien en nuestra propia familia?

Quienes son nuestros "dobles" en la familia?

Quienes son "dobles" de los demás integrantes de la familia?

Esto va a determinar todo el relacionamiento.... con ellos y con el mundo exterior que nos rodea.

Es muy poderoso.... y nadie se dio cuenta de esto en profundidad.....
Mucha gente ha hecho transgeneracional..... pero nadie se ha dado cuenta de que involucra a nuestra propia Alma.....

Es muy Poderoso..... y es por eso que tiene esta profundidad y esta importancia.....

Habida cuenta de ello es que decidimos hacer este libro..... para que te llegue esa información..... para que puedas comprenderla y por sobre todas las cosas..... para que puedas comprobarla en tu propia experiencia de vida..... porque esto no son teorías que se tiran al aire.....

Las podrás comprobar en tu propia vida.....

Vas a poder tomar la planilla..... que de hecho se incluye en blanco en el libro..... de la que podrás sacar una imagen e imprimirla para utilizarla. Si no es así podrás pedirla por correo para que te enviemos una con mucho gusto.....

Por sobre todas las cosas vas a poder pegar un enooorme salto de conciencia..... al comprender como son las cosas y porqué suceden determinados acontecimientos..... en la familia..... en nuestros ancestros..... en la realidad de hoy.....

Un enoooorme salto de Conciencia.....

Eso es lo que queremos facilitarte con este libro.....
Para eso esta hecho...... además en la versión multimedia podrás escucharlo innumerables veces..... para repasar tranquilo..... dormido..... en tu iPhone o iPad sin siquiera que sea necesario un aparato mas grande para leer..... porque en la versión multimedia no hay nada que leer..... en este manual.....

Podrás escucharlo todo una y otra vez..... estudiarlo y comprenderlo en profundidad.....

Un poco de historia
Orden Imperial...

Bueno queridos amigos en en este capítulo vamos a hacer una pequeña reseña histórica de algunas condicionantes importantes que mantuvimos y mantenemos todos con cierta vigencia, y que obviamente nos ayudan a estar donde estamos, sin tener la capacidad de comprensión necesaria para ver todo el panorama de cómo son las cosas la realidad.

En el año 540 antes de esta era, el Emperador Justiniano, considerado el último emperador romano poderoso, en Bizancio, la capital de la Roma, efectuó determinadas acciones que complicarían muchísimo a todos los cristianos en el futuro, hasta el día de hoy...

Avido de un poder absoluto en todo el cristianismo, y de dominar esta nueva religión, había decidido acabar con todas las iglesias cristianas del mundo antiguo que no estaban bajo el poder de Roma y bajo su propio poder en la realidad...

Dentro de ellas se encontraban varias de las iglesias que Pablo había evangelizado, pero en definitiva, como forma de acabar y de lograr su su objetivo y sus fines políticos, en la realidad de amasar el poder absoluto, Justiniano tenía que acabar con la tarea que había empezado Constantino unos años antes, en el siglo cuarto...

Emperador de Roma, que se había dedicado totalmente a deshacer la autoridad de Orígenes de Alejandría, el más sabio de todos aquellos que habían escrito sobre la cristiandad, en el siglo cuarto...

Para ello, Justiniano convocó dos concilios muy importantes en Bizancio, la capital del Imperio Romano de Oriente, en el año 543 y el segundo en el 553, una década después.

Esos concilios eran para terminar de una vez con la rebeldía de algunas iglesias, que no estaban a línea con las romanas, o que no estaban alineadas con el emperador, y que se rehusaban a aceptar como autoridad máxima al propio emperador.

La movida fue muy inteligente y el pretexto general utilizado para ese Concilio, fue el de deliberar sobre las iglesias disidentes, consideradas por Justiniano como rebeldes, complejas y heréticas para ellos, pues tenían como máxima autoridad moral a Orígenes, el amado padre de la Iglesia Católica…

Hay que recordar que Orígenes de Alejandría era el más respetado y el más Amado, como decían ellos, Padre de la Iglesia Cristiana Original de Alejandría…

Orígenes de Alejandría, la mente preclara en definitiva del cristianismo original en esa Era, en muchos sentidos es considerado por todo los grandes estudiosos de los textos sagrados bíblicos, como padre de la ciencia cristiana, de la ciencia de la iglesia…

Obviamente la finalidad que perseguía el Emperador, era sacarlo de ese pedestal de uno de los maestros más grandes, después de los apóstoles, y en algunos casos comparándolo con Pablo y llamado en muchos casos el "Príncipe de la erudición cristiana en el siglo tres".

Considerado en el fondo, como el instaurador de las bases para toda la teología moderna.

Justiniano, no fue el primero que quiso controlar absolutamente la Iglesia, obviamente, hay que comprender que 200 años antes el emperador Constantino, Flavio Valerio Constantino, había intentado manejar toda la iglesia desde Roma, ordenando en ese caso, a todos los líderes, reunirse el concilio de Nicea, que él convocara, buscando en definitiva en el año 325, controlar el cristianismo para controlar a las masas…

En ese sentido hay que entender…. que ante el avance del Cristianismo, el había simulado convertirse al mismo, ofreciendo a muchos líderes religiosos de la Iglesia Católica de ese momento… poder absoluto emanado desde el Emperador… si lograban acordar un credo único, que fuera apoyo y arma del propio emperador romano para con la población.

Fundaron entonces ahí la iglesia católica romana, que pasó a ser parte del estado imperial romano, casinada, lo que hoy es el Vaticano, dictándose y corrigiéndose a partir de ahí todos los libros de la Biblia, y muy especialmente el Nuevo Testamento, para hacerlos funcionales a los intereses imperiales y a los acuerdos políticos que había llegado en ese concilio.

A raíz de ello surge el Dogma, esa autoritaria imposición, como un credo realmente absoluto, indiscutible, por encima de todas las verdades y las evidencias que pudieran encontrarse, en todo sentido...

A partir desde ahí, durante muchos siglos, todas las creencias que no coincidieran con el Dogma, fueron descartadas y atacadas inmediatamente, persiguiéndolas y aniquilándolas sin piedad, y de esto hay demasiados ejemplos, verdad...

Para eso era muy importante obviamente, la función de Justiniano y Teodora, su Emperatriz, pues ella había considerado indispensable prohibir la doctrina de la reencarnación, que era una creencia que se basaba muy especialmente en los escritos de Orígenes...

Convenció a Justiniano que desatará un proceso muy poderoso contra ese tipo de creencias, muy difundidas en todas las comunidades cristianas del momento.

Buscaron descartar totalmente la creencia en la reencarnación y en la preexistencia del espíritu, la inmortalidad del Alma...

Esta acción que era extremadamente importante, extremadamente calculada, fue totalmente obra armada del emperador, para difamar y complicar el prestigio de Orígenes de Alejandría en la Iglesia Cristiana del momento...

Para ello convocaron el segundo concilio de Constantinopla en el año 553 DC.

En ese concilio, se descartaron todos los obispos rebeldes, y se incluyeron todos los obispos que eran funcionales a las ideas del emperador. Hay que comprender que fue extremadamente armado, ya que ni siquiera se citó a aquellos... que eran obispos considerados rebeldes a las ideas del emperador.

El Papa Vigilio de Roma, Papa del 537 al 555, increíblemente estaba presente en Constantinopla en ese momento, era un seguidor fervoroso de los escritos de Orígenes de Alejandría, por lo que deciden no participarlo para el Concilio citado por el Emperador.

Esto obliga a Justiniano a Presidir el mismo ese concilio, y esto obliga a Justiniano a presidir el mismo ese concilio, en la medida de que el Papa "rebelde" no se presento en el Concilio.

Justiniano encarceló y torturó de manera muy poderosa al Papa Vigilio para llevarlo a su nivel de pensamiento, en la medida de que se había rehusado a aceptar y firmar las conclusiones a las que se había llegado en ese concilio, por orden del emperador, arriesgando obviamente su propia vida...

Esto tuvo corta vida en la realidad, porque el emperador ordenó a uno de sus Generales la matanza de opositores a su régimen y a sus ideas en Constantinopla mismo, asesinando a más de 30.000 personas en un día.

Esto le dio la idea al Papa de que debía aceptar las conclusiones de ese Concilio, para evitar masacres futuras que el emperador había amenazado con hacer, si el papá no se plegaba a su postura. Amenazaba con eliminar a todos los cristianos opositores...

Algunos años después, seis desde la fecha, el propio Papa se retracta públicamente de haber aceptado aquellas conclusiones y explica el porqué...

Hay que comprender que esa doctrina, de la preexistencia del alma y la reencarnación del espíritu, a esta altura ya había sido decretada como una blasfemia, como un crimen en la Iglesia Católica, provocando automáticamente la ex comunión o la exclusión de los católicos de su comunidad religiosa, como también la posibilidad de recibir sacramentos dictados por la autoridad eclesiástica en ese momento, lo que en aquel momento se denominaba como anatema. La tan hablada excomunión de la que nosotros oímos hablar hasta nuestros tiempos...

Había que comprender que la necesidad del emperador y su consorte, de eliminar esa creencia de la reencarnación era básica para sus elementos de control, en la medida de que esa creencia de que es posible completar y corregir otros errores de una vida en la siguiente, de que el poder y la total autoridad sobre nuestro propio destino residen en nosotros...... obviamente le quitaba muchísimo poder a los religiosos del momento.

Si hacían creer a todo el mundo, a todos los creyentes...... que todas las imperfecciones que tenemos los humanos deben de resolverse...... y expiarse si queremos...... en una sola vida, en la en la propia vida presente...... entonces obviamente todos los poderes religiosos podían volver ha tener una enorme influencia sobre la multitud...... la gente ignorante y temerosa de la muerte, amenazando por supuesto...... como hasta años atrás se hacía, con el infierno y la condenación absoluta y eterna del Alma al infierno.

Sin embargo el Papa Vigilio se opuso a este cambio, porque había profecías muy poderosas que descartaban este cambio. Al rechazar la reencarnación del espíritu de Elías en Juan el Bautista, se rechaza también sin uno darse cuenta, la revelación del Angel de Dios que le da a Zacarías, padre de aquel, de Juan el Bautista, automáticamente estamos rechazando que cuando se le aparece el Angel....dice cuando se tumba Zacarías,...que cae en el temor, el ángel le dice a Zacarías..."No temas, porque tu oración ha sido oída, y tu mujer Elizabeth parirá un hijo al que llamarás Juan"......

Obviamente porque en la realidad "El que será muy grande delante de Dios, no beberá vino ni sidra y será lleno del Espíritu Santo aún desde el seno de su madre, desde el vientre de su madre, porque él irá delante de el mismo con el Espíritu y virtud de Elías". La Biblia describe a Elías y a Juan el Bautista como muy similares, si hacemos un estudio de eso, hasta en su propias ropas y vestiduras, hablan de Juan y de Elías, de la misma manera, de uno que de otro, y describen exactamente igual, con las mismas vestiduras, la misma ropa, en Mateo y en Marcos.

Hay que entender que al rechazar esa reencarnación de Elías en Juan el Bautista todos los cristianos modernos, que todavía continúan siguiendo los mandatos de los Concilios de los

Emperadores romanos, niegan la autoridad al propio Jesús, le quitan autoridad automáticamente al propio Jesús, que decía que todos los profetas y la propia ley hasta Juan, profetizaron que: "si queréis recibir aquel, que es aquel Elías que habría de venir, mas les digo en la realidad que ya vino Elías, y ustedes no lo conocieron....antes hicieron con él todo lo que quisieron y no lo conocieron".

Otra vez se vuelve a poner la palabra de los hombres, de los emperadores, por delante de la palabra Divina.

De todos modos, miren que importante, más adelante vamos a hacer un análisis en otros vídeos, sobre lo que la palabra Divina significa, y mucha de la manipulación que hay detrás en la corrección de la misma.

La respuesta de Juan el Bautista, la que le da a los sacerdotes saduceos y escribas que lo interrogan....."que eres si eres tú Elías....eres tu el profeta?" y él responde "No"... el bautista dice la verdad, en la realidad su nombre era Juan en ese momento.

De acuerdo a la profecía de Isaías "Te será puesto un nombre nuevo de la propia boca de Jehová" A diferencia de la resurrección donde en definitiva el resucitado continúa con su mismo cuerpo y su mismo nombre según la doctrina, al reencarnar el espíritu llega con un nuevo cuerpo, con un nuevo nombre, con una nueva personalidad y efectuando nuevos trabajos en la vida tal cual le explicará el espíritu a Zacarías: "y tu niño profeta del Altísimo, serás llamado, porque irás ante la faz del Señor para aparejar sus caminos" en Lucas 1 76

"Para dar conocimiento de salvación a su pueblo, Para perdón de sus pecados" Lucas 1 77

Los sacerdotes, si le hubieran preguntado en ese momento sin en él estaba el espíritu de Elías, en la realidad así lo hacen cuando él mismo les explica a todos muy claramente que "yo soy la voz de aquel que que clama en el desierto" tal y como Isaías lo describió el retorno de Elías.

Es un tema complejo, pero estudiándolo bien encontramos en la Biblia numerosas alegorías y referencias a la reencarnación, por ejemplo muy especialmente cuando en Job 14 se pregunta: "si

el hombre muriere, volverá a vivir todos los días de mi edad......
esperaré hasta que venga mi mutación"

Como también en la antiguo y Nuevo Testamento encontramos
en Job también 14 "si el árbol fuere cortado, aún quedará
esperanza, retoñecerá y sus renuevos no faltarán".

Hay que comprender, son referencias muy claras al respecto a
que Dios da un nuevo cuerpo
de alguna manera, y encontramos en otros versículos como en
el salmo 102   26   "y todos aquellos con una vestidura
envejecerán, como un vestido los mudarás y serán mudados",
una alusión perfecta al cuerpo como una poderosa vestidura del
Espíritu, del Alma en la realidad cuando el mismo Jesús lo
aclara muy claramente diciendo: "nadie echa remiendo de paño
recio en vestido viejo de otra manera, el mismo remiendo nuevo
tira del viejo, y la rotura se hace peor y nadie echa vinos nuevos
en odres viejos de otra manera los odres viejos se romperán y
se
perderá el vino". Es realmente una alusión, "el vino nuevo.... en
odres nuevos ya de echar" en marcos 2 21 "porque entonces el
vino romperá el odre, y se pierde el vino y también los odres;
sino que se echa vino nuevo en odres nuevos"...

En muchos otros versículos bíblicos, se sugiere que la muerte
puede ser pasada de largo, que puede ser salteada, en la
realidad como en aquella cita que dice "de la mano de sepulcro
los redimiré y los liberaré de la muerte" ...."oh....muerte yo seré
tu muerte y seré tu destrucción, oh... sepulcro"... verdad... eso
es de Oseas. En la realidad se refieren todos y entre ellos
también Jeremías, a la preexistencia del Espíritu y por supuesto
de la reencarnación. Miren como era... fue palabra de Jehová
diciendo: "antes que te formases en el vientre... te conocí....y
antes de que salieras de la matriz de tu madre te santifiqué, te
di por profeta a las gentes" en Jeremías 1 4 y 5 , donde
Jeremías explica cuál es el sentido de múltiples vidas, en un
ciclo que se repite una... y otra vez, varias veces, hasta llegar a
un perfeccionamiento...

Palabra de Jehová que vino a Jeremías, "levántate y vete a
casa del alfarero, donde allí te haré oír mis propias palabras"...
y descendió entonces a la casa del alfarero... y al llegar aquí
está él trabajando sobre la rueda con el barro... y la vasija de
barro, la vasija que el hacía se echó a perder,... se malogró...

"y volvió y la hizo de nuevo con otra vasija según le pareció mejor hacerla en esa oportunidad" entonces vino la palabra de Jehová diciendo no podré hacer de vosotros como éste alfarero o casa"...el aludiendo en general al barro en las manos del alfarero... así son vosotros en mi manos o casa de Israel" en ese caso el profeta Elías hace todo un análisis y se anticipa que ellos que creen que es imposible que un Espíritu vuelva a tomar una vida humana,
en un cuerpo nuevo con un nombre nuevo, con todo nuevo.

Miren cómo se expresa..."he aquí que yo soy Jehová, Dios de toda carne, habrá algo que sea difícil para mí hacer"... se refiere muy claramente a esa reencarnación, pero sí utilizan metáforas muy especiales como: "el viento tira hacia el mediodía y va girando de continuo y a sus giros torna el viento de nuevo" en Eclesiastés. Allí debemos de entender que de los giros continuos y de los ciclos, que obviamente tendrá que ver con el Sol, tema que será analizado en otro video totalmente diferente.

Hay que comprender que ahí hay palabras originales que son traducidas del hebreo en una forma tal vez errónea como el viento que procede de la palabra Rowa que en la realidad se traduce más como Espíritu y utilizando otras palabras originales como Kabib que significa "ciclos", vinculando los ciclos con el Espíritu, la muerte y la reencarnación. Con referencia al Espíritu, el Espíritu tira hacia el mediodía al norte. Va circulando de continuo y a los ciclos vuelve de nuevo. Son una serie de alegorías, en definitiva que se repiten una y otra vez en los textos sagrados. Como todo, los ríos van a la mar, y la mar no se hincha, porque al lugar donde los ríos vinieron, allí torna nuevamente para correr de nuevo. Son demasiadas referencias. Eso es en Eclesiastés.

En 3 15 "que es lo que fue, lo mismo que será....qué es lo que ha sido hecho.... lo mismo que se hará....y todo o nada hay nuevo debajo del Sol....aquello que fue ya es y lo que ha de ser, ya fue"

Extremadamente claro y Dios restaura todo lo que pasó, la idea de la renovación continua y cíclica de la naturaleza y de la vida una y otra vez vuelve a aparecer en los textos sagrados siempre. Los profetas también hablan de los espíritus como Amos por ejemplo, se refiere a los Espíritus que hacienden y descienden del Valle Espiritual a la tierra nuevamente diciendo:

"aunque cavasen hasta el Seol, de allí los tomará mi mano y aunque subieran hasta el cielo, de allá a los haré descender"

Es una imagen reiterada en muchos aspectos el ascenso y el descenso y los Espíritus o Almas, del cielo a la tierra una y otra vez verdad, por la escala,...la escala de Jacob. Es muy clara esa alegoría....muy clara, donde nos dice que Jacob soñó una escala que estaba apoyada en la tierra.

Fantástico.... todas estas alegorías a la reencarnación, nos llevan a un lugar de comprensión de cómo son las cosas realmente, y de cómo se manejaron......

Si bien están todas presentes, en todas las sagradas escrituras planetarias, han sido descartadas una y otra vez......

En la escala de Jacob menciona:

He aquí Angeles de Dios que suben y que bajan por la escala....

Hay que tener claro que Jesús, en la realidad no pregunta, ni corrige nunca a sus discípulos, sobre las termas referidos a la reencarnación, debido a que era una creencia absolutamente común y frecuente en Palestina de aquel entonces.

Era muy poderosa esa creencia que daba una Paz de Espíritu muy grande a la mayoría de la población. Una sabiduría muy grande...... y no genera Jesús ninguna lección contraria a esa creencia......

Es bastante lógico comprender que no los corrige en ninguno de los casos, sin embargo el, Jesús les dice que Juan el Bautista era Elías en Mateo 11.... "El es aquel Elías, que había de venir"

Hay demasiadas referencias... Nicodemo le pregunta al maestro Jesús una noche "cómo puede el hombre entrar nuevamente en el vientre de su madre y nacer de nuevo?" y Jesús en realidad le responde de una forma diferente, como debe nacerse de agua y de Espíritu, aclarándole que......

"lo que es nacido de la carne carne es y lo que es nacido el Espíritu.... Espíritu es...."

Se está refiriendo ahí al agua que es símbolo de arrepentimiento, y le hace la aclaración perfecta a Nicodemo hablando del viento y del espíritu simbólicamente hablando....que como se mencionaba antes, "nadie sabe donde reposará el viento y el Espíritu". Esto es muy poderoso, como decimos en muchas charlas de sanación, en Juan 9 del 2 al 4, los discípulos le preguntan a Jesús, sobre si un ciego lo era al nacer por su propios pecados o los de sus padres?

Esto lo decimos permanentemente, y obviamente, Jesús en esta oportunidad no opina ni contradice esa creencia, de que se puede "pecar" antes de nacer, comprendiendo muy lógicamente que pecar no es más que "errar". Si lo buscamos en un diccionario, errar nuestro tiro a la diana, errar en nuestras intenciones y a lo que queremos llegar, en nuestro objetivo......

Jesús nos saca de ese teórico error si lo fuera, y no corrige a ningún apóstol cuando se refieren a la preexistencia del Espíritu y la reencarnación del Espíritu. Tanto es así que Josefo deja constancia muy clara que los Escenios ya creían en la preexistencia el Espíritu, lo tenían muy claro....y la inmortalidad del Alma....principios totalmente necesarios para la creencia en la reencarnación obviamente.

Es bastante coherente todo esto, con lo que lógicamente llegó hasta a nuestros propios tiempos, y dejamos aquí entonces las referencias históricas respecto ellas y a todos los hechos históricos que se realizaron desde la Iglesia, para bloquear la creencia de la reencarnación, y pasaremos en este siguiente capítulo a comprender algunas de las herramientas y los procedimientos que tenemos que saber, para entender cómo es todo esto de....El Secreto de la Inmortalidad.

Tendrán ustedes la oportunidad de descubrir en su propia familias y darse cuenta, dónde está la inmortalidad en su propias familias, con algunas herramientas que le vamos a dar de aquí en adelante.

Por este capítulo muchas gracias y ya estamos con ustedes en el próximo a la brevedad...♀

La Inmortalidad del Alma...

Bueno queridos amigos en el día de hoy vamos a analizar desde varios lados, el otrora espinoso tema de...... La Inmortalidad del Alma.......

Vamos a analizarlo desde algunas posiciones filosóficas y desde las culturas esencialmente, que es lo que realmente nos importa hoy por hoy, para comprender que se pensaba y cuál era la idea respecto a esto en general en el mundo.

Tal vez la primera apreciación que podamos hacer es analizarlo desde, por ejemplo, la visión de los grandes filósofos...... Por ejemplo podemos analizar en el Fedón, la conversación que mantuvo Sócrates en la prisión con sus amigos, el día de su muerte....estaba condenado a muerte, sobre la inmortalidad del Alma, era algo que le preocupaba en ese instante verdad....

En la conversación, ellos exhiben varias ideas por así decirlo... manejan varios conceptos al respecto al alma y hablan sobre las similitudes por ejemplo con el sueño y la vigilia, entonces nos dice Sócrates, "digo pues con motivo del sueño y la vigilia....(a grandes rasgos), que del sueño nace la vigilia y de la vigilia nace el sueño, y que el paso de la vigilia al sueño es el adormecimiento, y el paso del sueño a la vigilia es el acto del despertar".

Esta súper claro y él dice, "no está claro eso" más adelante nos comenta de esta manera más o menos, "de lo que muere nace por consiguiente todo lo que vive y tiene vida". "Revivir, si hay un regreso de la muerte a la vida" responde Sócrates, "consiste en verificar ese regreso, por lo tanto estamos de acuerdo en que los vivos no nacen menos de los muertos que los muertos de los vivos, prueba incontestable de que las almas de los muertos existen y están en alguna parte" donde vuelven a la vida....La Preexistencia del Alma.

Este es un tema muy importante, porque él también nos dice "porque es indudable que hay un regreso a la vida y que los vivos nacen de los muertos....que las Almas de los muertos existen y que las Almas buenas libran bien y las almas malas libran mal". Esto resulta muy interesante
porque podemos ya analizar algunas cosas aquí, y darnos cuenta de que, ya manejan conceptos muy evolucionados respecto a la preexistencia del Alma o la preexistencia del Espíritu, como vimos en el capítulo histórico que también manejaba la religión judeo cristiana. Es un tema bien importante, y que por lo pronto manejaban las poblaciónes....que eso era más importante todavía.

Pero está muy interesante comprender qué por ejemplo, en la realidad la inmortalidad del Alma en el budismo es un totalmente diferente, pues ellos entienden que Ser, no es más que una combinación de fuerzas o energías físicas y mentales.... o espirituales.

Lo que llamamos muerte es el cese total de la funciones físicas o del funcionamiento del cuerpo físico, en que se detienen por completo todas esas fuerzas, deja de funcionar el cuerpo....dice el budismo. El budismo en general a eso responde "no" la voluntad de el deseo de vivir, el ansia de vivir y de existir, de perdurar, de mantenerse.... de volver a Ser una y otra vez, es es una fuerza tremenda, brutalmente poderosa, que mueve vidas enteras, existencias enteras y, mueve incluso al mundo entero.

Es una manera muy linda de ver, la que tiene el Budismo, o como la mayor energía del mundo no se detiene cuando el cuerpo deja de funcionar, no muere cuando deja de funcionar, sino que sigue manifestándose en otra forma, lo cual ocasiona obviamente una re-existencia llamada en ese caso por ellos, un renacimiento.

La noción budista del más allá, es más o menos que la existencia es eterna, a menos que el individuo alcance la meta final del Nirvana….el tan mencionado Nirvana, la liberación del ciclo de renacimientos al que estamos atados. El Nirvana no es un estado de dicha eterna, ni de integración con el Todo….con la Realidad Suprema, sino que es simplemente un estado de no existencia, un estado….o es el estar en un lugar sin muerte, más allá de la existencia individual.

Es la existencia en un estado de no existencia. Es muy importante.

Fíjense por ejemplo, que los mantras, que en realidad son fórmulas sagradas que en muchos casos se recitan en la cremación de la personas,….dicen por ejemplo, que el Alma "que nunca muere" siga esforzándose por convertirse en parte de la Realidad Suprema.

La idea en general, mas central del Budismo es la transmigración de las Almas…. verdad. A través de sucesivas existencias, donde las Almas se van perfeccionando. Buda dijo, "la salvación no viene de verme a mí….ella exige un esfuerzo, una práctica tenaz, poderosa, así que trabaja mucho y busca tu propia salvación diligentemente". La inmortalidad….

Es muy interesante la visión de Budismo….

Por otro lado los Upanishads, por ejemplo, que son textos en verso o en prosa y en algunos casos mixtos, concebidos en los tiempos de la transición en la India, en general marcan un tiempo de renovación, que vio nacer al Budismo, al Jainismo también, junto con el misticismo en general y la especulación metafísica general en la India. Upanishad es una palabra que proviene de esa sánscrito, y que la transliteración de ella en la realidad, es algo así como, "sentarse cerca"…. se interpreta como sentarse a los pies del Maestro, sentarse cerca o a los pies del Maestro, subrayando lo de Maestro. Es muy esotérica esa enseñanza transmitida por un Gurú a solo unos estudiantes muy selectos en la generalidad.

En la realidad en esa búsqueda de lo absoluto, los Upanishads especularon sobre el destino final del hombre y discutieron mucha ideas y creencias que aplicaban en ese momento y que pasaron a formar parte del pensamiento indio en general, de forma muy poderosa. Entre ellas por ejemplo, la reafirmación de un Ente individual que perdura después de la muerte, o el Atman como dicen ellos.

La idea la reencarnación del Alma o la transmigración del Alma. La influencia positiva o negativa de los actos en las vidas futuras, por nosotros conocido aquí, como el karma, en occidente. Pero aquí viene un poco a cuento citar, en la realidad alguna estrofa del Isa Upanishad, que hoy por hoy utiliza mas bien como una oración funeraria en la India, y es muy reveladora respecto a lo que se pensaba.

En su estrofa 15 dice algo como: "el rostro de la verdad está cubierto con un disco de oro, descúbrelo, que lo tienes que descubrir.... Ho..Pusan usan para poder mirar a la Verdad Eterna, a la mirada del Dios....

Vamos a hablar en otra libros adelante, a futuro del disco Eterno del Sol....

En la estrofa 16 dice: "Ho Pusan único vidente o conductor, o sol descendiente, esparce tus rayos de sol y de luz y amengua tu esplendor, en general, "para que puedan mirar tu más noble forma, para que yo pueda mirar lo que tú eres,.... Yo Soy, comparándose con los dioses. Sintiendo el Dios interior. En la 17 dice mas bien: "que el aliento vital se convierta en aliento inmortal, y éste cuerpo que tenemos aquí en cenizas, Omm.... Ho....Inteligencia..... recuerda lo hecho....Recuerda Ho....Inteligencia recuerda la hecho"

Allí está muy claro.... "recuerda".... respecto obviamente a recordar y a tener, aquí hay una
solicitud de todos en general en esas cremaciones, de que la consciencia recuere lo aprendido, y no tenga la necesidad de volver a recordarlo.... que recuerde lo aprendido y lo evolucionado en esta vida, y no tenga la necesidad de volver a

hacerlo. De volver a recordar. Tener la opción de recordarlo, que es algo muy importante.

También eso lo vamos a analizar en siguientes libros respecto al Akasha, los recuerdos que nosotros tenemos de otras experiencias, que hasta ahora eran muy pocos.....pero que desde el 2012 hacia aquí, por determinadas razones evolutivas muy poderosas, van a empezar a ser más grandes. Mucho más en los jóvenes, en los niños, van a ser muy poderosos....

Imaginen ustedes un niño que viene sabiendo hablar.....ya está pasando.... ya hay algunos niños que tienen esta experiencia. Imaginen algunos niños que en general después son reprimidos por su padres, ya está pasando....también ya está pasando.... Te recordadas?....como decía en una consulta, un español de su hijo que le decía.... "te recuerdas papá cuando jugamos en aquella pradera con muchas flores?". El en realidad, nunca había jugado en una pradera con muchas flores con su hijo, pero sí con su esposa y él decía: "te recordadas cuando jugabas conmigo en una pradera de muchas flores, que tenía tales y cuales características, con una casa amarilla arriba...." Muy poderoso....y él se había sorprendido en ese momento, se preguntaba "que le habrá contado?.....pero eso era cuando éramos novios con 18 años,.... no creo que le haya contado...

Muy importante.... Esto va empezar a suceder.... Pero tenemos que entender que de la misma manera tenemos otras visiones...., por ejemplo la que tenían lo mayas, que abordaban ese enigma misterioso qué es la muerte,.... ante el cual el hombre se ha sentido muy perplejo y en cierto modo empequeñecido. Esa crisis a las que Ser humano siempre busco respuesta.

En la cultura maya la muerte siempre fue considerada en general, como vida después de la vida...., convirtiéndose en la realidad en una continuidad..... en un continnum de vida, como decian los mayas.
Los Mayas prehispánicos tenían 3 moradas para los muertos en general:

La primera era el Inframundo, Qué era como un purgatorio,….un paso obligatorio de las Ánimas, que eran acechadas en el Inframundo, y atacadas por espíritus malignos en el Inframundo, que les cobraban….

El otro era un Paraíso situado en los cielos,…. un lugar de reposo para muchas personas, que era una morada celestial. Había otra a la que iban solamente los guerreros y las mujeres que morían en el parto,… nada más.

Sin embargo, Fray Diego Landa, hace una referencia muy especial al concepto de la Inmortalidad del Alma en general,…. que tenían los mayas, contando en su libro, de las cosas de Yucatán,…. un libro, un escrito del año 1562:

En realidad, literalmente, "esta gente siempre han creído la Inmortalidad del Alma,….si eran buenos,…. iban a un lugar muy bueno….disfrutable…. agradable….donde ninguna cosa les daba pena ni tristeza, y donde hubiese abundancia en todo se ntido de comida y de bebida muy dulce….

Obviamente, y de acuerdo con eso,….hay que comprender ese concepto de la muerte,…. las costumbres funerarias se adaptaban todas a esto. Los muertos eran amortajados llenándole la boca con maíz molido. En algunos casos le ponían pedazos de Jade u obsidiana, para que tuvieran,…. y granos de maíz o de cacao para que no le faltará alimento en el camino al cielo.

Muy importante de toda esta visión al igual que la cultura egipcia, donde ustedes como recordarán, se adicionaban vasijas y contenedores, con una cantidad de alimentos y utensilios para acompañar a ese Ser en la Nueva Vida.

En general, tenemos que comprender que, las características del Pueblo Aborigen Australiano, son diferentes. Un pueblo extremadamente espiritual, que tiene características muy especiales, que le han permitido un desarrollo muy poderoso, y una evolución muy poderosa,....debido a que viven en estrecha relación con la naturaleza.... y miren qué fabuloso....

Todas las mañanas empiezan ellos el día, con una ceremonia, donde general le dan gracias al Universo, por ellos mismos, por sus amigos y por toda vida del mundo global.

Miren cómo es.... que tan profundo es el agradecimiento. De esta manera por mí supremo bien y el supremo bien de la vida, en todas partes.....

Es hermosa la forma en que ellos se manejaban y se manejan todavía hoy para con el Universo.... Pero debemos darnos cuenta, de que hay cosas importantes en este pueblo, extremadamente sabio, donde en general por ejemplo,.... no se celebran los aniversarios, porque no tiene sentido.... sino, miren cuando es....

Cuando alguien realmente siente que se ha mejorado a sí mismo,.... que ha crecido, que se ha vuelto mejor,.... que ha aprendido algo por su propio esfuerzo......y por su propio trabajo,....es mejor.... y en beneficio de su Alma Inmortal. Que ha aprendido algo para su alma inmortal, entonces sí..... ese mismo individuo propone una celebración a los demás, que es realizada con hermosas características, para celebrar ese aprendizaje,..... y todos intentan aprender del aprendizaje de ese individuo.....

Creen en la absoluta permanencia del Alma, con todo aquello universal que tiene su visión,.... que no es muy diferente la forma en que se ve, en el otro lado de la tierra.

Miren cómo es en África, donde los símbolos son poderosos. Los símbolos de la Dinka, son muy poderosos en el oeste de África. En el clan dependiente Ghana.... Ellos demuestran la inmortalidad también,... como éste que tenemos aquí detrás, ...siempre con el concepto de que Dios es inmortal, por lo tanto yo, también lo soy. Concepto muy poderoso, que manejan en la mayor parte de África... en muchos aspectos.... donde el simbolismo panafricano en general, el simbolismo Akhan, ...tiene que ver con los colores utilizados.....

Miren como es,....el blanco representa en general la esperanza y la paz,.... la purificación y la paz. También se asocia al luto, el blanco, totalmente al revés que nosotros, que utilizamos el negro. Ellos usan el blanco, "que descanse en Paz". Para esta cultura, el negro en la realidad, miren que interesante es....., representa la fuerza de los antepasados...."la fuerza de los ancestros".........En la simbología del pueblo Panafricano, representa al propio pueblo negro, el color negro.

Esto es fantástico, pero podemos decir también, que en cierta medida,....miren como es.....Muchas culturas representan su propio intento de negar su propia muerte,..... intentan la lucha constante del hombre por la inmortalidad!!!.....

Supone en general, negar la forma simbólica de la muerte, que hay que entender que tal vez, una parte de la cultura en general es..... la metáfora de soñar en colectivo..... lo más creativo..... lo más profundo..... lo más poderoso de la cultura, se expresa en general en forma simbólica, en forma encubierta y simbólica, ... los contenidos más eficaces y motivadores en general de la conducta del individuo en la sociedad, son los más distorsionados en los sueños,..... los deseos colectivos más profundos, son aquellos que se manifiestan en los contenidos simbolizados de las culturas.

   Así por ejemplo,..... en el mito de Gilgamesh, o el el mito faustico,.....también se constata una profunda fuerza generativa, que tiene los deseos insatisfechos de lograr la inmortalidad.   Tanto el mito sumerio, como en el germánico, nacen de esta búsqueda incesante de la inmortalidad.

Pero hay que tener claro que la epopeya de Gilgamesh,.....esa leyenda hermosa sumeria, basada en el Rey Gilgamesh, cuenta que los ciudadanos en general de Uruk, se sentían oprimidos, y pidieron ayuda los dioses para liberarse del Rey.

Les enviaron a un personaje llamado Enkidu, para que luchará contra Gilgamesh y lo venciera. Cuenta la epopeya que la lucha fue feroz, pero fue muy pareja, y en general no hubo un ganador claro,….. no un vencedor verdaderamente….. entonces, miren cómo es,….. Enkidu reconoce a Gilgamesh como Rey….. En lugar de lograr su cometido, los dos luchadores se hacen muy amigos, y deciden hacer un largo viaje, en búsqueda de aventuras, en el que se enfrentan a animales y entidades fantásticas y peligrosas.

La leyenda cuenta que su ausencia, la diosa conocida como Ishtar, en lo babilonio, cuida y protege la ciudad.

Cuándo el regresa, ella le declara su amor al héroe Gilgamesh y este la rechaza provocando su ira. Obviamente en venganza de ello, Ishtar le envía el toro de las tempestades,….. para destruirlo a él,…. a su amigo y a la ciudad entera……Pero Gilgamesh y Enkidu matan conjuntamente al Toro y los dioses se enfurecen por esto que sucede….. Castigan a Enkidu. Gilgamesh muy apenado por la muerte de su amigo, recurre a un sabio el momento, Ziusudra, para comprender y para que este le explique como acceder a la inmortalidad y la vida eterna. Entendido como el sabio de los días pasados, de los días remotos…..el único humano junto con su esposa….. al que los dioses habían salvado del diluvio universal,….. concediéndole la inmortalidad y la vida eterna.

El lo entrevista, recurre a él, para que le dé el secreto de la vida eterna…..pero él le dice que eso sólo pasó una vez y que no va a volver a suceder nuevamente…..como sucedió en el gran diluvio.

Un gran tema porque él insiste, y su esposa, la esposa se apiada de Gilgamesh y le pide a su marido que le brinde la información,….. de donde localizar la planta que le devuelve la juventud,….. pero la juventud no es la vida eterna ni la inmortalidad.

El sabio se la brinda, Gilgamesh la encuentra en el fondo del mar donde estaba, y la pierde….pero miren como es,….. la pierde en manos de una víbora….. la víbora si tiene "vida renovada" porque la víbora,….. la serpiente que se la roba……

recuerden que las serpientes cambian la piel….. y por eso tiene una vida renovada y vuelven a la juventud.

La figura en general muy importante de Gilgamesh, conserva su vigencia general, porque representa ese anhelo Universal de toda la humanidad de escapar de la muerte, y por tanto, obviamente, se vuelve universal la lección de Gilgamesh hacia todos nosotros.

En aquel entonces había quedado claro que la inmortalidad era un don exclusivo de los dioses, y que no podía aspirar nadie a tener la inmortalidad,….. era una locura…..

Nosotros en base a todo lo que hemos estudiado y lo que hemos analizado, te diremos ahora que….. no lo es……

La inmortalidad está aquí, al alcance de la mano, y en los próximos capítulos, videos, en general….. comprenderás cómo ubicarla y como darte cuenta, donde está presente en nuestros clanes familiares

De qué manera está presente la inmortalidad en nuestros clanes familiares,….. cambiando esto toda tu realidad presente y futura, respecto a tu familia y respecto a la vida en general.

Esa es la hermosa enseñanza de este libro….. comprenderás las razones de las afinidades familiares,…..de los hijos y entenados…..

De las avenencias y desavenencias dentro de las familias…..

Comprenderás las razones de la enfermedad en la mayoría de los casos….. miren qué bueno….. y por supuesto las razones de la salud……

En un futuro capítulo encontrarás las herramientas necesarias para ubicar la inmortalidad dentro del Clan…..y la permanencia del Alma dentro de la familia…♀.

Que es ser doble de un familiar?

El Origen de Todo...

Bueno queridos amigos, en el día de hoy vamos a analizar un tema central en este libro... básico... una de las dos partes más importantes del libro que es:

"Que es ser el doble de un familiar"

Como hemos explicado muchas veces en nuestras charlas de sanación y obviamente nuestros vídeos, es un tema extremadamente importante.

Surge más o menos en general de esta manera:

Cuando nosotros vamos a tener un hijo, siempre hay detrás una necesidad de perfección, una poderosa necesidad de evolución respecto a nosotros...de continuidad de nuestro linaje... evolucionando el mismo.

Estamos pretendiendo en la mayoría de los casos, que ese hijo sea muy superior a nosotros, que sea poco menos que perfecto...porque en la realidad quisiéramos que sea él perfecto... en todo aquello que nosotros consideramos que no lo somos... como también nuestra parejas...las familias......

Estamos pidiendo muchísimo a ese hijo en general,... de alguna manera,... que ese hijo sea mejor que nosotros...mejor que nuestra pareja... mejor que todos los antepasados de cada una de las ramas familiares...

Nosotros empezamos a trabajar esto con nuestro subconsciente y nuestro consciente...de forma que termina siendo casi un estrés subconsciente muy importante...donde en es necesario definir cómo quien lo queremos hacer...

A quién tiene que ser parecido nuestro hijo?...quién es el mejor exponente de nuestro clan familiar... o del de nuestra pareja... como para que nuestro hijo sea muy similar a él... que tenga esas características y esas peculiaridades...

Ese análisis subconsciente nos lleva a una situación donde, yo prácticamente no estoy encontrando la forma de resolver este dilema, y el subconsciente toma el control absolutamente... como siempre sucede...

Recuerden ustedes que el consciente, es apenas, como siempre decimos, la parte de arriba de la iceberg...la mas pequeña...mientras el inconsciente o el subconsciente es la parte de abajo del iceberg... la parte más grande. El consciente nunca da supera el 7 u 8% de la conciencia... y el Sub-Consciente en general representa el 93 % del manejo de la misma.

Ahora miren cómo es...llegado ese punto... la conciencia, yo siempre en forma coloquial lo digo de esta manera... la conciencia tiene un diálogo interno conmigo... a nivel subconsciente... y me dice:

"olvídate del estrés... en la realidad tú estás complicado por esto...pero tampoco tenes la información ancestral... ni la información de los
antepasados... como para decidir quién es la mejor opción..."

"En cambio Yo, el Sub Consciente,... si la tengo...no hay inconvenientes con la información...tengo la información de todos los ancestros desde tiempos inmemoriales... y la tengo muy clara..."

"Puedo compararla con lo que tú quisieras de ese Ser que van a nacer... y te digo hoy por hoy... a tono de ejemplo... siempre lo digo de esta manera... que lo vamos a hacer igual a tu abuelo Antonio....

Entonces... como igual a tu abuelo Antonio?... pero cómo se hace eso?...

Esto es como si fuera un diálogo mío...con mi SubConsciente...

"No hay problema, le ponemos el ADN...de Antonio"

"Le ponemos el ADN, el mejor ADN que tu tengas... tal vez en conjunto con el mejor ADN que tengas de la rama de su madre.... y su hijo va a ser lo que estás esperando que sea... "

Obviamente cuando nosotros efectuamos esa elección, hay un sinfín de motivos por los que efectuamos esa elección de aquel pariente, que puede ser mi abuelo Antonio, como digo en este ejemplo, o que puede ser mi madre, mi hermana, mi padre, mis tíos,.... alguien realmente relevante e
importante en mi propia vida.... que me hacer referirme a él por su importancia... o tal vez por otras razones que son también muy importantes para mí, como puede ser, el no haberlo tenido lo suficiente, no haber disfrutado de su de su presencia en mi vida.... no haber podido contar con ellos.... haber tenido una vida muy compleja con ellos...

Obviamente hay muchas razones que me hacen evocar aquellos antepasados... a ese especialmente a quien yo termino trayendo nuevamente a mi vida con una finalidad concreta...

Entonces miren cómo sucede.... mi hijo nace sin problemas... y el Sub Consciente (en adelante SC) en nuestro diálogo me dice: "hemos traído nuevamente a tu abuelo Antonio"

El consciente (en adelante C) se pregunta:

"Pero cómo se hace eso"

SC "Le pusimos en ADN de tu abuelo Antonio"
C "Pero que es el ADN?"

Aquí tenemos que hacer un pequeño paréntesis... y un análisis del ADN... es sumamente importante...

Podemos recordar todos que en aquel momento... cuando se hizo el proyecto de IBM del Genoma Humano....se hizo un análisis bastante profundo en ese momento...

Los científicos... todos estaban medianamente de acuerdo en que había algo como un 30% que era el genoma humano....recuerdan en el proyecto genoma humano?....Pero también decían en aquel entonces.... algo increíble....insólito.... de lo que muchos científicos no eran parte...

Decían que el 30% era el Genoma Humano pero que el 70% restante era ADN chatarra o ADN basura….

Miren como es….

En la realidad,… en la naturaleza no hay nada chatarra… no hay nada basura que no tenga ninguna finalidad…. todo es perfecto………

Todo tiene una perfectísima finalidad y es un gran puzzle…. donde todo funciona a la perfección y no hay nada que no sea perfecto….que no tenga realmente una razón de ser….   El problema obviamente radicaba en que ellos, muy lógicamente, decían que el ADN tenía un 30 por ciento que era visible, donde en la realidad se notaba muy claramente la función química…. que fue perfectamente analizada y muy bien entendida por todos los científicos…. pero que el otro 70% en la realidad no era identificable…. y que ellos no tenían forma de comprender químicamente para que servía ese otro 70%………

Habida cuenta de esto, es absolutamente lógico,….pocos años después todos los científicos fueron expresando que realmente, aquella otra parte tenía una función muy importante…. pero que ellos no podían vislumbrar cuál era…no podían comprender…. por eso…. porque químicamente no podían entender los enlaces y cómo funcionaba todo aquello….

Obviamente eso sucede porque no es química el ADN…. es física …en muchos aspectos: Allí está la enorme diferencia….

El 70% es absolutamente multidimensional…. es diferente….. es poderoso… pero multidimensional…. como lo es el magnetismo…. la electricidad la…. gravedad y algunas cosas más………

Por eso mismo, podemos darnos cuenta, de que al ser una fuerza multidimensional, no es identificable químicamente hablando….

Es solamente identificable desde otro lugar…. se puede sentir obviamente como se mueve esa fuerza multidimensional.
De esa misma manera el ADN tiene su magnetismo…. su energía…. de otra manera y todo el ADN mancomunado, muestre esa energía en muchos aspectos y de muchas

maneras que en otro libro vamos a analizar…. y que en algunos casos mucha gente lo ha visto como el "aura"…. pero en otros casos lo vemos con mucha sencillez o con mucha simpleza cuando nos acercamos a un perro…. y obviamente los perros reaccionan de forma totalmente diferente frente a determinadas energías…. que a otras….

Los veterinarios lo tienen claro….muchos de ellos dicen que es por el olfato…. pero muchos dicen: No…."si tu perro acepta alguien en tu casa, acéptalo con toda tranquilidad…. porque es buena gente…. pero si tu perro no lo acepta…. no lo aceptes…. porque no lo es………

Hay mucha información detrás…. y hay una percepción de esa parte del ADN qué se siente mucho en varios ámbitos de la vida…Pero miren cómo es…

Esa parte hoy por hoy ya es reconocida y accedida por mucha gente….esa parte en realidad es el lo que hoy llamamos Akasha o los Registros Akáshicos que están totalmente contenidos en mi ADN….en esa porción del ADN….el Akasha.

Hoy ya disponemos de lectores de registros akáshicos y gente que se dedica a eso, siendo muy importante lo que se está averiguando científicamente respecto a eso. De esa manera es que alguien puede ponerse frente a mí y brindarme cierta información…. que muchos casos es sorprendente…. respecto a mi vida o vidas "pasadas". a otras y experiencias de mi Alma.

Porque en la realidad ese es el componente principal del Alm…

Pero que quiere decir entonces….?….Que si yo le pongo el ADN del abuelo Antonio a mi hijo…. le pongo el Alma de mi abuelo Antonio?…….

SI………!!!

Ese es el principal tema que nadie conoce….. y que poco a poco hemos ido desarrollando en las consultas con centenares de casos espectaculares…… Comprendiendo y reconfirmando eso. Que el acceso al Akasha en la realidad es el acceso a muchas cosas…. entre ellas a la Sanación de Grandes Enfermedades….

Ahora.... como estábamos diciendo.... esa es la parte central del ADN y yo le pongo el ADN de mi abuelo Antonio a mí hijo.........Entonces siempre pongo el mismo ejemplo:

Mi hijo nace.... y no tiene ningún inconveniente... cuando nace..

Cuando tiene cuatro años, lo llevó a unas hamacas a jugar y a disfrutar del hermoso día....insólitamente se cae y se lastima.... yo no entiendo bien por qué....

Pero refiriéndome a mi abuelo yo lo analizó con mi Sub Consciente y este define por el abuelo....

Recordando....porque yo no conocí a mi abuelo ya que murió antes de que yo naciera, había mucha información respecto a mi abuelo....esto es una situación "hipotética" muy similar a la personal.... pero hipotética....

Lo que todos contaban del abuelo Antonio es la excelente persona que era....alguien que vivía en Europa.... que tenía 19 años cuando la primera guerra mundial y por ende le tocó ser parte de ella...directamente....ir al frente....

Allí recibió un balazo en la pierna derecha.... que le dificultó su caminar durante toda su vida.... Estuvo internado a raíz de eso en París durante nueve meses.... a punto de perder la pierna.... pero se la lograron salvar....

A raíz de eso, quedó rengo de por vida....

Ahora miren cómo son las cosas....

Quedó rengo de por vida y en base a eso.... bueno pues entonces "no hay mal que por bien no venga" como siempre decimos.... se salvó de volver a tener que ir al frente nuevamente. Como todas las situaciones....que son sincrónicas con nuestra vida, él se junta con su pareja en ese momento, su novia, se casa y decide tomarse el
primer barco para Sudamérica.

Termina llegando aquí....a Sudamérica.... donde es un hombre exitoso.... donde a pesar de venir, con una mano atrás y otra adelante, como se dice vulgarmente, termina siendo un gran empresario.... por su habilidad, su ingenio y también por su generosidad.

Termina teniendo varios almacenes en aquellos tiempos....va creciendo en el interior del país, donde posteriormente se dedica a la venta de ganado y sigue creciendo...pero miren lo que sucede.........
A raíz de que sus hermanos estaban pasando muy mal en Europa, el los invita a que vengan a Sudamérica. Les proporciona casa y alimento a todos poniéndolos a cargo de sus empresas.
El por otro lado continúa su educación...y termina siendo alguien realmente poderoso de todo punto de vista.... cultural y económicamente hablando......
Termina siendo alguien muy importante... y en base a eso es, que mi subconsciente decide... de acuerdo a mis requerimientos... hacer mi hijo igual a ese abuelo.

Como les decía... mi hijo nace...no tiene problemas... pero... decido una día llevarlo a jugar a unas hamacas cuando tiene cuatro años..... se cae y se lastima el pie derecho...el mismo que el abuelo Antonio.........

Como yo no lo conocí a mi abuelo... como yo nací después de su muerte...no hago la asociación con la vida del abuelo Antonio...y la vida sigue igual...

Cuando tiene siete años... ya tiene un accidente un poco más complicado con la bicicleta...y vuelve a lastimarse el pie derecho... lo que hace que esté permanentemente rengueando del pie derecho...igual que el abuelo...

En la realidad...a los 11 años ya la cosa es bastante más compleja....se cae de un techo y se quiebra la pierna derecha....por lo que tiene que comerse un tiempo internado....clavos....chapas....refuerzos.... etcétera.... es bastante más complicada la cosa.

A raíz de eso que es bastante más complejo ...aparece una tía abuela....con una noticia rara....que me dice..."yo quisiera que tú lo analizaras".... por qué en la general...como digo siempre con este ejemplo... "tu hijo habla como un político.... habla gesticulando de manera muy poderosa....en general habla así.... como un político.... y esto a mí siempre me sorprendió pero...nunca lo termine hablando contigo.... pero el habla.... como hablaba tu abuelo Antonio....mi hermano.... como un político".........

"Exactamente igual.... yo que era su hermana mayor.... lo tengo claro.... exactamente igual que el.... además querés que te diga otra cosa....tu hijo tiene un modismo.... él siempre habla que es un águila que vuela por todo lo alto y ve el del mundo desde arriba...."Si hace muchos años que usa eso.... sí es verdad.... que fantástico....si que raro no....es como una cosa....

"No....no es raro porque mi hermano Antonio.... tu abuelo también hablaba exactamente igual y decía que era con águila que veía el mundo desde arriba.... el también usaba eso...."

"Pero lo que es aún más sorprendente todavía.... es que mi hermano era rengo de por vida y tu hijo no es rengo de por vida......... pero pasa la mitad de la vida rengo...."

SI....es así.... porque tiene el Alma de aquel.... del primero.... tiene el Alma de su abuelo....Antonio......

Miren como es....

Tiene el Alma....tiene su Registro Akáshico.... y tiene la obligación de terminar con aquellos conflictos poderosos en la vida.... que en su abuelo no
pudo terminar....

Esta es la razón por la que tenemos innumerables consultadas desde el exterior....cantidad de gente que desea sanar.... una cantidad de cosas en su vida.... para evitar que esas.... se transfieran a su descendencia....

Es así..... se transfiere a la descendencia para su resolución ... Quienes están mas evolucionados....perciben esta realidad (que en el fondo todos percibimos subconscientemente)....y no quieren dejar ese legado a sus hijos....

Pero entonces miren desde el punto de vista de la Descodificación Biológica que significa tener renguera en la pierna derecha.....La pierna derecha es nuestra pierna racional.... como tenemos lateralidad..... está manejada por nuestro cerebro izquierdo....nuestro cerebro masculino....

racional…. del cálculo….

Si tenemos dificultades para avanzar con nuestra pierna derecha…. lo que tenemos es dificultad para avanzar en la vida racionalmente….

Si lo tuviéramos en la pierna izquierda sería….. dificultad para avanzar en la vida emocionalmente o afectivamente…. porque así se maneja…. y eso es lo que significa simbólicamente en nuestra vía…. las piernas son para avanzar en la vida…. como los brazos son para abrazar y para hacer en la vida…. las manos etcétera…. y cada una de las partes de nuestro cuerpo tiene su finalidad simbólica desde todo punto de vista…. y muy poderosa para nosotros….

Entonces…. obviamente…. mi hijo nace con la necesidad de superar esa incapacidad de avanzar en la vida…. de avanzar racionalmente en la vida que su abuelo también tenía….

Ahora esto se hace transmitiendo el ADN….si es algo genético como todos comprendemos y se da por sentado universalmente ….. pero que es el ADN?…

Habíamos dicho un poco más atrás….porque todo el mundo habla de esas partes y por algo debe de ser así…. si por supuesto….

Miren cómo es…. y que claro es….y está en todas partes…. y aún así no lo tenemos claro….

Ese 30% que representa el genoma humano no es otra cosa que el 33%…. no es el 30…. es el 33….

Ustedes podrán encontrar en muchas cosas en la vida…. y si lo investigan van a encontrar de forma muy poderosa que el 33 está muy presente en nuestras vidas….

En la realidad podemos poner varios ejemplos de ese tipo…. pero hay muchas cosas que se denominan con la numeración 33 para darle trascendencia e importancia…… porque nuestro subconsciente lo identifica como algo importante apenas contiene ese número…..

Porque….?

Porque es nuestro genoma.... porque es el 33% de nuestro genoma....

Y que otros ejemplos hay.....? Bueno por ejemplo bueno por ejemplo nuestras treinta y tres vértebras.... casi nada..... otra vez hablamos de evolución.... escalera de la conciencia...

Miren como es.....y en cómo es desde la última vértebra.... la vértebra en el coxis.... hasta la vértebra más alta.... desde la más baja que tiene que ver con el sexo.... hasta la más elevada que tiene que ver con el Chacra Corona ....con lo más elevado en nuestra conciencia....con el cerebro....

Todas las vértebras de nuestra columna.... 33 vértebras....

Si quieren otro ejemplo de ese tipo....podemos recurrir a las órdenes esotéricas.... por ejemplo a la masonería que tiene 33 grados....Otra vez la escala de la consciencia....

Si yo realizó estudios en la masonería.... participo en las iniciaciones y del estudio correspondiente, se supone que voy avanzando a lo largo de esa escalera de la conciencia.... del primer grado hasta el grado 33....desde el aprendiz hasta y gran maestro masón. Aquel que se supone tiene todas las respuestas....en las artes de la vida....(algo que se ha perdido en muchas de las órdenes actuales)....

Hay mas ejemplos como ese....? Por supuesto....Los que quieran....hay infinitas cosas denominadas con el número 33 en la tierra....

Pero hay un ejemplo muy básico....los 33 años de Cristo....!!

Y que tiene que ver eso....?

Claro.... Cristo vino y vivió 33 años para desarrollar el 33% de su ADN... el Genoma....Después de eso....ya como humano.... no tiene más nada que hacer.... no tiene más remedio (según las creencias anteriores al 2012) que morir....y trascender a una realidad superior.... donde puede continuar ese crecimiento.... (hoy ya podemos continuar en nuestra vida evolucionando sin mediar la muerte para ello)....
Insólitamente en los avatares de la vida, sin que muchos lo comprendan, empiezan a tener desde hace poco.... tal vez en

muchos aspectos como premonición . y luego sincrónicamente con la evolución de la tierra…. comenzamos a ver cosas…. eventos importantes que modifican la tierra y modifican la conciencia humana…. como por ejemplo…. los 33 mineros que quedan enterrados en Chile a una profundidad tremenda………

De esa manera nos damos cuenta que también…. hay otras interacciones con el número o 33…. porque nuestro ADN evolucionaba hasta el 33% durante muchos miles de años…. hasta el 2012….A partir del 2012 ya podemos seguir avanzando más del 33%…. podemos seguir evolucionando…. pero eso será tema de un siguiente libro sobre el ADN.

En la realidad lo que tiene que estar muy claro, es que yo le pongo el ADN del abuelo Antonio………

Ahora cómo se realiza esto en la realidad… ?Miren que importante y hay sólo cuatro maneras….

1

La primera es aquella que todos consideramos como un homenaje…. en ese caso a nuestro abuelo… ….entonces yo le pongo de nombre Antonio….

Pero mi conciencia tienen claro…. todo mi ADN…. mi cuerpo…. mi conciencia…. tiene claro que yo le pongo Antonio por mi abuelo Antonio y no por el diariero que se llama Antonio y que vive cerca de casa.

Obviamente…. automáticamente está derivando el ADN de mi abuelo Antonio y toda esa carga genética y Akáshica a mi hijo…

Así que la primera le pongo en nombre como siempre decimos………

2

La segunda y una de la más importantes:

Lo hago nacer en la misma fecha que el abuelo Antonio……… Esto es absolutamente lógico…. que estoy haciendo yo ?….

Estoy generando un doble del abuelo Antonio………alguien a su imagen y semejanza….hago el amor en la misma época en que mis bisabuelos lo hicieron...y genero un doble exacto del abuelo Antonio.........

Esto siempre tiene un mas menos 10 días para cada lado de la fecha, porque los cálculos médicos que generalmente son muy buenos y muy precisos a veces nos influyen a nosotros y de acuerdo a eso demoramos o adelantamos el parto.

Otras veces nuestra conciencia lo hace por razones de nuestra propia vida debido a,lo que implica esa vida en el vientre materno.

Pero miren cómo es.....la primera entonces....le pongo el nombre de mi abuelo Antonio, la segunda lo hago nacer en la misma fecha con tolerancias de 10 días....

3

La tercera lo hago nacer nueve meses antes o nueve meses después del cumpleaños de el abuelo António....Y....que quiere decir nueve meses antes o nueve meses después....también con la tolerancia de 10 días que mencionábamos antes.

Casi nada.........

Nueve meses antes quiere decir en la realidad.... que si nace mi hijo nueve meses antes del cumpleaños de mi abuelo Antonio, es una enorme celebración de aquel día en que mi abuelo Antonio fue concebido... .....el día de la creación del abuelo Antonio.....y mi hijo nace ese día.....y es una gran algarabía y un gran festejo por aquello que ocurrió tiempo atrás.

Nueve meses después.....también casi nada.....quiere decir que yo hice el amor....y digo el amor puesto que no es simplemente sexo.....no es sexo tonto sin contenido.....ya que inconscientemente.....hago el amor el día mismo del cumpleaños del abuelo Antonio y mi hijo nace a los nueve meses.....

Recuerden que siempre es más menos 10 días para cada lado.....pero van a ver que la mayoría de las veces es perfecto. Si nació adelantado 7 días para la fecha de nacimiento debemos hacer jugar las diferencias tanto en los adelantos como en los retrasos.

4

La cuarta tiene que ver con la fecha de la muerte del abuelo Antonio porque…..si mi abuelo antonio era realmente muy importante para mi…..era como un segundo padre….y mi abuelo no muere cerca mío…..y me quedo sin mi segundo padre…..cuando yo tengo siete años…..es muy probable que yo haga un hijo que nazca el día de la muerte del abuelo Antonio o vinculado 9 meses para adelante o para atrás de la fecha de la muerte del abuelo Antonio….

Que termina significando todo esto…..

Esto es realmente muy….muy poderoso porque mediante ese sistema le estoy poniendo el ADN y con ello el Alma….el Registro Akáshico del abuelo Antonio…..y con eso todo el bagaje que viene….y todas las experiencias de vida hacia atrás…..

Esto es es sumamente importante y lo van a ir comprendiendo más adelante….Vamos a proveerles de un sistema para poder identificar los dobles dentro de su familia…..

Pero más allá…..hay algo muy importante que siempre decimos…..

Este sistema tan perfecto y es tan hermoso…..porque en la realidad cumple con una finalidad fantástica, que es la de proveernos de mayor empatía con el que llega a nuestra vida, mayor alegría y felicidad en nuestras vidas…..

Quién viene o el que está por nacer….. ya es conocido por nosotros ya….. tenemos información respecto a él….. ya hay un enorme porcentaje de empatía automática con el.

Es un sistema que provee alegría y felicidad…..pero por sobre todas las cosas eso…..lo que decíamos…..empatía adicional…..yo ya lo conozco….

Subconscientemente ya se cosas de el…..ya lo conozco y por consiguiente se hace mas fácil el relacionamiento….. ya me puedo manejar de otra manera…Esto no quita que algunas veces sea…..quién mucho no me agrada…..y las cosa sean bastante más complejas en el relacionamiento, con la finalidad de evolucionar y sanar el mismo.

Como éste sistema es tan perfecto y beneficioso, lo utilizamos inclusive para muchas otras cosas en la vida.....

Para seleccionar pareja por ejemplo....

Miren como es..... Nosotros siempre ponemos este ejemplo....

Si nosotros les pusiéramos a ustedes cuatro personas del sexo opuesto a 10 metros, para que eligieran una de ellas como pareja con la finalidad de convivir siete años con ella.....a la distancia....te pediríamos que eligieras una como pareja.....

Nos dirías...."Pero bueno yo necesitaría hablar un poco para ver como son etc....antes de decidir".....

Nosotros te diríamos: "No esta elección es como en la vida real" no hay conversaciones previas......es "amor a primera vista, pues siempre es así en la vida real" el flechazo.....en una reunión con 100 personas nos fijamos en una solamente.....algo nos atrae.....y hay empatía inmediata....conexión.... nos sonríe.....y le sonreímos.....

Siempre ponemos este ejemplo como le decía a una consultante días atrás...Tu me dirías: "Ese, el primero....No..... porque me parece que es agresivo...yo ya tuve agresividad en mi vida y no quiero eso para mi en el futuro.....ese NO!!...."

"El segundo me parece que es un infeliz....y yo quiero ser feliz en mi vida....NO seguramente ese no"

"El tercero SI ese ya me cayó bien, me hizo guiñadas y caritas intercambiamos miradas y sonrisas.....ya hay algo de piel.....ya hay feeling....hay un sentimiento .....hay algo.....ese SI podría ser sin problema....."

"El cuarto no porque me parece soberbio y no lo tomaría nunca jamás"

Vamos y hablamos con el tercero....y el tercero es doble de su padre o de su tío más importante, o de su hermano mayor más protector.....

El 65% de las mujeres, por lo menos una vez en la vida se empareja o casa con un doble de su padre, y el 65% de los hombres hace lo propio con una doble de su madre, porque obviamente es la mujer más grande y más poderosa en su vida, no hay ninguna duda…..(antes de tener su pareja)………

Fue sin duda su madre la que los creó, cuidó, alimentó, educó, protegió…..etc…y para las mujeres fue su padre protector, afectivo y proveedor perfecto …..que proveyó todo lo necesario en tempranas etapas de su vida……Obviamente si mi padre me pegaba toda la vida y yo soy mujer, no voy a elegir un doble de mi padre para que me pegue toda la vida, pues hay cosas suficientemente perfectas para que no sucedan…..

Así es que nos sucede muchas veces en la consulta, que nos encontramos con una mujer, por ejemplo, que no eligió un doble de su padre sino uno de su madre…..nuestra pregunta es casi obligada….."tu madre era la que tenía los pantalones en la casa?"….."SI…..siempre…..mi padre no"…..
En la familia, el padre, al igual que el macho en la manada, debe proveer protección, provisión, estructura y afecto, que si no son provistas por el, deberá ser sustituido en el clan por la hembra del mismo….

De igual manera sucede con hombres que eligen por pareja un doble de su padre y no de su madre …excesivamente rígida, dura o violenta…..como para tomarla de ejemplo para la mujer de mi vida…..

Miren como influencia esto en nuestras vidas…..es extremadamente poderoso porque esto va a determinar…..la empatía o la antipatía automática entre las personas de un Clan Familiar…..

Va a determinar los hijos y los entenados del mismo (como se dice en un dicho), los que son queridos y los que no lo son, los amados y los abandonados…..que no tenían explicación para nosotros ni para psicólogos o psiquiatras desconocedores de la realidad de fondo.

Esto va a determinar muchísimas cosas en nuestro Clan Familiar…..y por ende va a determinar……… obviamente, el relacionamiento entre todos los individuos del mismo…..porque yo me voy a relacionar con todos…..como aquel a quien represento lo hizo con aquellos a quienes mis contemporáneos en el Clan representan.

Me van a respetar o me van a odiar como a aquel a quien yo represento, siendo esto extremadamente poderoso en todas las situaciones......

Esta es la verdadera llave en la realidad para comprender como es que nosotros estamos siendo nuevamente "aquel".....debido a que somos la "nueva versión más evolucionada del mismo"....y todas nuestras relaciones van a tener que ver con aquel......

Vamos a analizar esto en el próximo capítulo, en el que les brindamos una herramienta poderosa para poder analizar de manera muy simple el Clan Familiar.

Obviamente después podrán analizar en un siguiente capítulo....cuales son las cosas que se ven afectadas enormemente por quien soy yo.......y quienes son los demás en mi familia......porque todos juegan el mismo juego.....

Mis relacionamientos van a depender absolutamente de eso.....

Por supuesto que mis dolencias y mis enfermedades en la vida dependen absolutamente de esto que estamos explicando......

Manual de la Planilla de Trabajo

Todo negro sobre blanco...!!

Bueno Queridos Amigos en este Audiomanual (en este caso escrito) vamos a abarcar una de las etapas mas importantes de este libro, como ya venimos diciendo en los anteriores capítulos....una etapa para nosotros muy importante....es el hecho de tener una herramienta para poder comprobar por ustedes mismos, como son las interacciones a nivel familiar y donde están ubicadas esas Almas que son dobles nuestros o dobles de alguien en la familia....porque como bien decíamos en el final del capítulo anterior son....la causa de todas nuestras virtudes pero también de lo que consideramos son....nuestros males....que en realidad no lo son. Son solo problemas en el camino que nos permiten cuestionarnos y evolucionar, crecer, entender....

Por algo tu estas escuchando / leyendo este libro que obviamente es totalmente para ti....estás en el lugar y el momento correcto....como siempre decimos, es para ti y no para todos....para algunos el lugar y el momento correcto para enterarse de determinadas cosas....

Ahora muy bien....vamos entonces a comenzar con esta parte de un manual que incluirá una serie de imágenes ....para que tu las puedas repasar y puedas ver los ejemplos que estamos dando....respecto a como identificar los dobles dentro de la planilla que obviamente va a estar disponible para ti....para descargarla siempre de Internet y en el peor de los casos....si en algún momento no estuviera por alguna razón....siempre vas a tener un correo de referencia atrás del libro....al final del mismo....donde solicitarla y con mucho gusto te la vamos a enviar inmediatamente.

Tienes aquí también una imagen de la planilla limpia de la que podrás captar una imagen para su impresión si te es conveniente.
Hay que entender que esta es una planilla de tres columnas de

Enero	Febrero	Marzo
Abril	Mayo	Junio
Julio	Agosto	Setiembre
Octubre	Noviembre	Diciembre

sistema muy simple....pero el hecho de que tenga tres columnas de cuatro meses.... nos permite alinear a los dobles en una columna.

Hay algunas salvedades específicas pero las vamos a hacer en la medida de que vamos avanzando....

Obviamente en la columna....tanto sea la de la izquierda como la del centro o la de la derecha....todas incluyen los meses del año cada tres meses.

Asi es que la primera incluye enero, abril, julio y después octubre....Ahora estos son períodos exactamente de tres meses por lo que empiezan a ordenarse dentro de la misma columna todos los dobles que tenemos dentro de la familia....y en nuestros ancestros....

Si la hacemos correctamente, nosotros pedimos aqui que la llenen puesto que hay mucha gente que nos la envía a modo de consulta....llenan el PDF y lo envían para que nosotros se lo analicemos a modo de consulta y obviamente es muy importante poner la mayor cantidad de ancestros posibles.Normalmente con llegar a los abuelos es suficiente....abarcando hacia abajo a los hijos y nietos si es que lógicamente los tenemos....

Para eso pedimos una nomeclatura muy simple que es poner en primer lugar a la izquierda las dos cifras del día del mes....en segundo lugar tres o cuatro letras que indican el tipo de parentesco....por ejemplo....PAD de padre   MAD de madre, TIA/O   HNO/A HJA/O ABLA/O de abuela o abuelo NTA/NTO ESP PAR....etc.... seguidos del Clan de Procedencia si corresponde....MAT (materno) y PAT (paterno) y el nombre de pila ya que nos es para nosotros importante el apellido....como si lo es el nombre de pila....

Por eso vamos a pasar a analizar el uso de este formulario donde....lógicamente la primera forma de identificar a los dobles obviamente es...."el nombre" y en este caso si podemos encontrar algún doble en las columnas....que es la primera forma de generar dobles en la familia....

Buscamos entonces columna por columna los que tienen el mismo nombre (si importar si es su primer, segundo o tercer nombre de pila cosa que no cambia nada) de todos modos tiene ese nombre ancestral de nuestra familia y es muy importante darnos cuenta de ello....puesto que después comienzan a aparecer otros nombres....

Julio	Agosto	Setiembre
27 PMOMAT GUSTAVO		

Octubre	Noviembre	Diciembre
30 ABLOMAT JEAN LOUIS	25 ABLOPAT EDUARD HANS	NA 15 KARIN BLANCHE
17 HJO EDUARDO ANDRES	7 MAD JEANINE BLANCHE	
	20 YO JORGE EDUARDO	
	17 SOBRINO FEDERICO	
	8 SOBRINA VICTORIA	
	19 PMAMAT SUSANA	

Increíblemente yo he encontrado.... pocas semanas atrás.... nombres similares en bisabuelos y nietos, que no sabía que los tenían....

En realidad los padres consciente o inconscientemente le pusieron esos nombres a sus hijos....pero insólitamente en ningunos de los casos eran "conscientes" de que esos eran algunos de los nombres de sus abuelos....o sea de los bisabuelos de los niños....

Esta es la manera en que podemos comenzar a ubicar los "dobles" de una forma importante....

Comenzamos con el tema más simple después del doble por nombre y es que "nacen en la misma fecha", dentro del mismo mes con una amplitud máxima de 10 días para cada lado desde la fecha de nacimiento....

Obviamente tenemos que tener el especial cuidado de que.... si alguno de los personajes incluidos en la ficha cumple por ejemplo el día 31 de un mes dado....ese personaje pueda pasar para los primeros días del mes siguiente, para los que puede haber sido concebido....adelantándose nada más en su nacimiento....cosa que analizaremos mas adelante....

Entonces aquí marcamos los que están dispuestos como dobles dentro del formulario, les hacemos un círculo rojo, para lo que te pedimos de tomar un marcador....lapicera de un color diferente a aquel con el que hemos llenado el formulario…. comenzando a marcar los dobles por nombre y hacer una unión lineal entre ambos…. para darnos cuenta de que ellos son "dobles" por esa razón….

También por supuesto los de la misma fecha y entonces le hacemos una unión con el marcador o como nos sea

Julio	Agosto	Setiembre
27 PMOMAT GUSTAVO		

Octubre	Noviembre	Diciembre
30 ABLOMAT JEAN LOU	25 ALLOPAT EDUARD HANS	HNA 15 KARIN BLANCHE
17 HJO EDUARDO ANDRES	AD JEANINE BLANCHE	
	20 O JORGE EDUARDO	
	17 SOBRINO FEDERICO	
	8 SOBRINA VICTORIA	
	19 PMAMAT SUSANA	

conveniente.
La siguiente forma de generar un doble como siempre decimos, luego de nacer en la "misma" fecha o tener mismo nombre es…. ubicarlo con una separación de nueve meses respecto al otro de quien son dobles.

Nueve meses antes o nueve meses después de quién estamos analizando….

Nueve meses implica, como lo pueden ver en el ejemplo, que para alguien que nace en una fecha determinada del mes de enero…. los nueve meses se cumplen dentro de la misma columna…. en octubre….

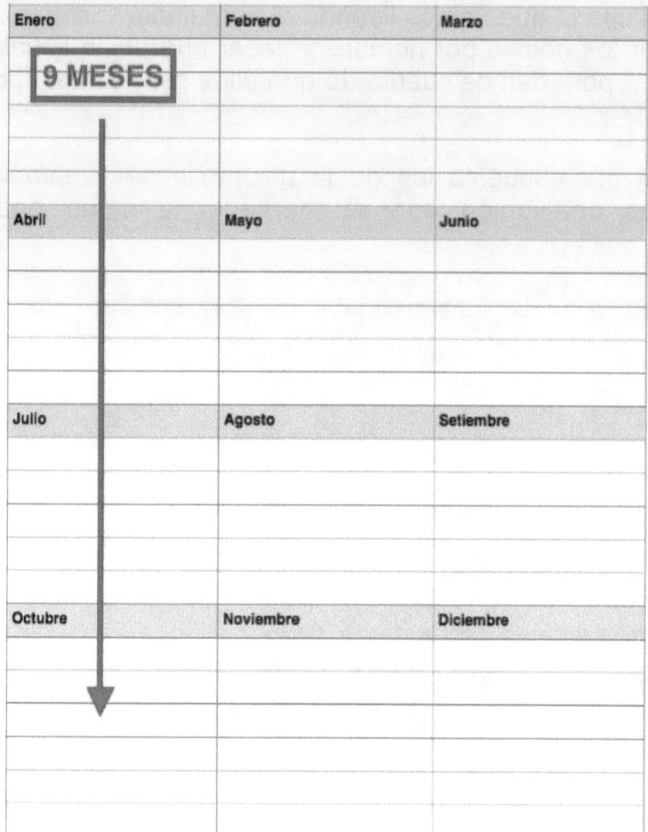

Enero	Febrero	Marzo
9 MESES		
Abril	**Mayo**	**Junio**
Julio	**Agosto**	**Setiembre**
Octubre	**Noviembre**	**Diciembre**

en la misma fecha del mes de octubre o una cercana +- 10 días

Pasa lo mismo en el mes de febrero....dónde los dobles se expresan en el mes de noviembre y en el mes de marzo con diciembre....
Vale decir que la apersona que nace en el mes de octubre.... fue concebida en el mes de enero (9 meses antes), la persona que nace en noviembre fue concebida en el mes de febrero y la que nace en diciembre fue concebida en marzo....

Por esta razón es tan importante que ubiquemos la fecha.... ya que la fecha de concepción.... que esta marcada en enero.... febrero o marzo.... va a ser seguramente doble de "alguien" en la familia....
Yo hago el amor el día del cumpleaños de alguien.... alguien importante en la familia.... subconscientemente sin darme cuenta.... y esa persona que contiene su ADN y su Alma nace 9

Enero	Febrero	Marzo
01 ABLAMAT BLANCHE	03 ABLAPAT ERIKA *	01 PAD GERMAN BERND
16 TIOPAT HANS FEDERICO	~~NACIDA ADELANTADA 10D~~ ➡	12 TIAMAT SUZANNE

Abril	Mayo	Junio
	17 ESP BENJAMINA	28 HNO RICARDO

Julio	Agosto	Setiembre
27 PMOMAT GUSTAVO		

Octubre	Noviembre	Diciembre
30 ABLOMAT JEAN LOUIS	~~25 ABLOPAT EDUARD HANS~~ ➡	HNA 15 KARIN BLANCHE
17 HJO EDUARDO ANDRES	12 MAD JEANINE BLANCHE	
	20 YO JORGE EDUARDO	
	17 SOBRINO FEDERICO	
	8 SOBRINA VICTORIA	
	19 PMAMAT SUSANA	

meses después…. como lo indica la flecha en la imagen de referencia….La siguiente posibilidad es en el segundo renglón de tres cuadros…. que con la concepción en el mes de abril, mayo o junio….

En esta posibilidad vemos en la imagen que los nacimientos se darán en enero, febrero o marzo respectivamente….

Veremos que los personajes involucrados son dobles que están a 9 o a 3 meses de sus vinculados, ya que una cosa implica automáticamente la otra…. tres meses para un lado son 9 para el otro en el calendario….

Enero	Febrero	Marzo

Abril	Mayo	Junio
9 MESES		

Julio	Agosto	Setiembre

Octubre	Noviembre	Diciembre

La otra opción…. que es en al caso de las personas que nacieron en julio, agosto o setiembre…. los nueve meses van a cumplirse en abril, mayo y junio como indica la flecha de la imagen de referencia…. y es de esa manera que tenemos que marcar los "dobles"….

Los dobles se pueden marcar en forma directa…. no hay problema…. porque uno ya sabe que si son dobles a 3 meses son dobles a 9 meses automáticamente sin que hagamos la línea casi dando la vuelta a la hoja…. pero si queremos al principio lo podemos hacer de esa manera para no equivocarnos….

Es mejor hacerlo de la forma que lo entendamos mas claramente para no errar…. por lo menos en principio….
Luego con un poco de práctica…. es muy fácil realizar esto….

De esa manera encontramos en esta siguiente imagen que aquellos que son concebidos en octubre, noviembre o diciembre.... nacerán en julio, agosto y setiembre.... a los nueve meses de ser concebidos....

De esta forma es muy fácil marcar los dobles en el mes de al lado.... a 3 meses de distancia.... ya sabemos que implica 9 por el otro lado

Enero	Febrero	Marzo
Abril	Mayo	Junio
Julio	Agosto	Setiembre
9 MESES		
Octubre	Noviembre	Diciembre

Es muy fácil marcar los dobles de julio a octubre, de agosto a noviembre, o de setiembre a diciembre....

Hacer un círculo en la fecha para que nos quede claro.... y unirlo con una linea del mismo color....

Obviamente aquí no hay que descuidar una opción muy importante que en la mayoría de los casos es muy certera, cuando nos referimos a la fecha "calculada" para el nacimiento

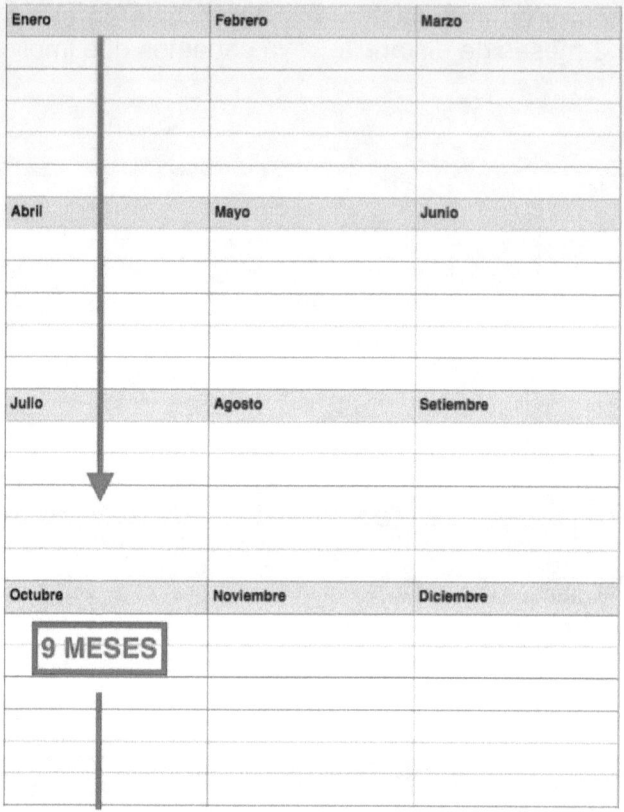

Enero	Febrero	Marzo
Abril	Mayo	Junio
Julio	Agosto	Setiembre
Octubre	Noviembre	Diciembre
9 MESES		

de la persona.... por ejemplo en la imagen el 30 de abril que hace que esos 7 o 10 días para cada lado.... incluyan en 3 de mayo como mostramos en la misma.... (es lógico ya que son solo 3 o 4 días de diferencia).... lo que lo puede tornar en "doble" de alguien que nazca el 4 de febrero o el 2 de agosto y vice versa.... con 7 o 10 días máximo de diferencia....

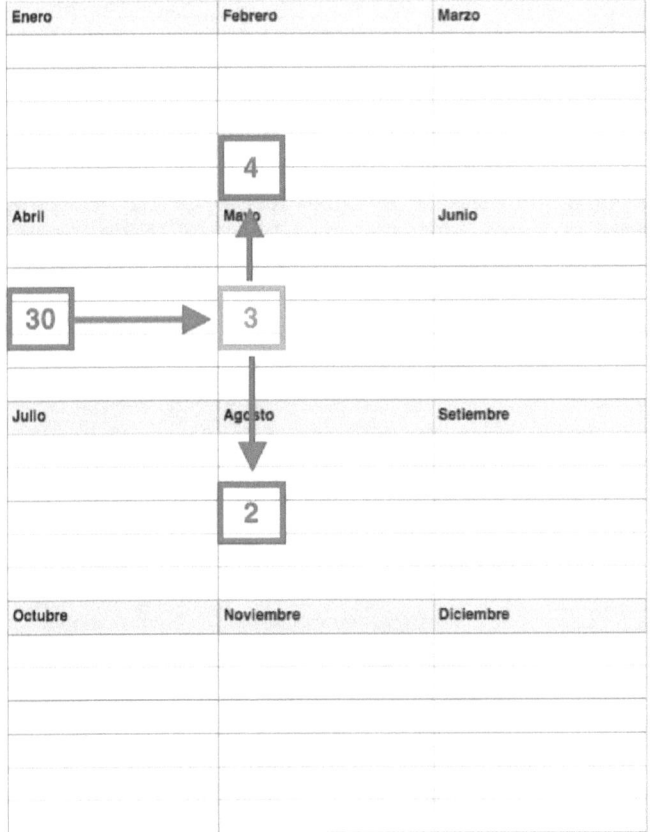

Enero	Febrero	Marzo
	4	
Abril	**Mayo**	**Junio**
30 →	3	
Julio	**Agosto**	**Setiembre**
	2	
Octubre	**Noviembre**	**Diciembre**

No tenemos que perder esta oportunidad y debemos darnos cuenta que pasa de esta manera…. pasa para el mes siguiente y sus "dobles" están ubicados en la columna siguiente también….

Es muy importante pues al principio no nos damos cuenta de estas cosas y en muchos casos un doble esta "a la vista" pero no lo estamos "viendo"….

Generalmente es tan importante y perfecto, que posteriormente cuándo hay algún análisis con la madre de la persona en cuestión y analizamos el nacimiento del 30 de abril…. y preguntamos casi invariablemente "se adelantó 3 o 4 días en su nacimiento?" (pues es lo que estamos viendo en la planilla con toda claridad)…. "SI….se adelantó 4 días respecto a la fecha que teníamos prevista"….

Las madres tienen muy claro…. la cantidad de días que se adelanta respecto a lo que tenían programado o calculado por la medicina, que esto lo hace extremadamente bien en general….

Ahora pasamos a la primera forma de identificar los "dobles" en nuestra planilla, entonces aquí en este caso pusimos como ejemplo una tía materna que nace el 12 de marzo…. obviamente con una hermana que nace la 15 de diciembre…. (ver imágenes)….

Enero	Febrero	Marzo
01 ABLAMAT BLANCHE	03 ABLAPAT ERIKA *	01 PAD GERMAN BERND
16 TIOPAT HANS FEDERICO	*NACIDA ADELANTADA 10D	12 TIAMAT SUZANNE
Abril	**Mayo**	**Junio**
	17 ESP BENJAMINA	28 HNO RICARDO
	DOBLES POR CONCEPCION 9 MESES ENTRE ELLAS	
Julio	**Agosto**	**Setiembre**
27 PMOMAT GUSTAVO		
Octubre	**Noviembre**	**Diciembre**
30 ABLOMAT JEAN LOUIS	25 ABLOPAT EDUARD HANS	HIJA 15 KARIN BLANCHE
17 HJO EDUARDO ANDRES	7 MAD JEANINE BLANCHE	
	20 YO JORGE EDUARDO	
	17 SOBRINO FEDERICO	
	8 SOBRINA VICTORIA	
	19 PMAMAT SUSANA	

Obviamente son dobles perfectas en la realidad…. solo tienen 3 días de diferencia entre ambas, que fueron los días de retraso de mi hermana en nacer….

El tema es absolutamente perfecto y se expresa de esta manera…. porque miren como es…. mi madre y mi padre sin darse cuenta hacen el amor el día del cumpleaños de mi tía materna (12 de marzo). Mi madre hace el amor, y digo "amor" porque no es solo sexo….. ya que involucra sentimientos especiales de celebración del cumpleaños de su hermana mayor y primogénita…. en el momento que coordinadamente esta ovulando…. concibiendo a mi hermana….

Enero	Febrero	Marzo
01 ABLAMAT BLANCHE	03 ABLAPAT ERIKA *	01 PAD GERMAN BERND
16 TIOPAT HANS FEDERICO	~~NACIDA ADELANTADA 12D~~ →	12 TIAMAT SUZANNE

Abril	Mayo	Junio
	17 ESP BENJAMINA	28 HNO RICARDO

Julio	Agosto	Setiembre
27 PMOMAT GUSTAVO		

Octubre	Noviembre	Diciembre
30 ABLOMAT JEAN LOUIS	~~25 ABLOPAT EDUARD HANS~~ → HNA	15 KARIN BLANCHE
17 HJO EDUARDO ANDRES	12 MAD JEANINE BLANCHE	
	20 YO JORGE EDUARDO	
	17 SOBRINO FEDERICO	
	8 SOBRINA VICTORIA	
	19 PMAMAT SUSANA	

Mi padre y mi madre concurren a la fiesta de celebración del cumpleaños de su hermana…. llegan a casa y hacen el amor festejando el evento que compartieron…. y se produce la concepción de mi hermana….
La que nace es doble perfecta de la primera y…. actúa todo a lo largo de la vida de acuerdo con ella….solidariamente con ella

en muchos aspectos…. se apoyan mutuamente todo a lo largo de la vida en las cosas críticas para una o para otra…. no hay ninguna duda…. su forma de actuar no deja dudas….

Como siempre decimos, entre dobles puede haber enfrentamientos si el nivel evolutivo es totalmente diferente o debido a su interacción con otro individuo del mismo o el otro clan de sangre…..
En otro caso, aquí tenemos un ejemplo claro, con el del abuelo

Enero	Febrero	Marzo
01 ABLAMAT BLANCHE	03 ABLAPAT ERIKA *	01 PAD GERMAN BERND
16 TIOPAT HANS FEDERICO	NACIDA ADELANTADA 10D	12 TIAMAT SUZANNE
Abril	**Mayo**	**Junio**
	17 ESP BENJAMINA	28 HNO RICARDO
Julio	**Agosto**	**Setiembre**
27 PMOMAT GUSTAVO		
Octubre	**Noviembre**	**Diciembre**
30 ABLOMAT JEAN LOUIS	25 ABLOPAT EDUARD HANS	HNA 15 KARIN BLANCHE
17 HIJO EDUARDO ANDRES	12 MAD JEANINE BLANCHE	
	20 YO JORGE EDUARDO	
	17 SOBRINO FEDERICO	
	8 SOBRINA VICTORIA	
	19 PMAMAT SUSANA	

que nace en octubre 30, mi abuelo materno Jean Louis que nace en octubre 30 y varios años después de haber el fallecido …. su hija procrea un hijo que es concebido ese mismo día…. en octubre 30…. que nace en julio 27 adelantándose unos días…. respecto al pronóstico médico de nacer el 30 de julio y es su "doble"…. en mil aspectos….determinando la forma de relacionamiento entre la madre y el hijo en todo sentido. De acuerdo a como la madre y el abuelo se hayan relacionado en su propia vida…. llevan una vida similar a la anterior en lo que a los apoyos y las distancias se refiere….

Pasamos entonces al siguiente ejemplo…. donde también con mucha distancia…. y con distancia en el relacionamiento….

Enero	Febrero	Marzo
01 ABLAMAT BLANCHE	03 ABLAPAT ERIKA *	01 PAD GERMAN BERND
16 TIOMAT HANS FEDERICO	*NACIDA ADELANTADA 10D	12 TIAMAT SUZANNE

Abril	Mayo	Junio
	17 ESP BENJAMINA	28 HNO RICARDO

Julio	Agosto	Setiembre
27 PMOMAT GUSTAVO		

Octubre	Noviembre	Diciembre
30 ABLOMAT JEAN LOUIS	25 ABLOPAT EDUARD HANS	HNA 15 KARIN BLANCHE
17 HJO EDUARDO ANDRES	12 MAD JEANINE BLANCHE	
	20 YO JORGE EDUARDO	
	17 SOBRINO FEDERICO	
	8 SOBRINA VICTORIA	
	19 PMAMAT SUSANA	

porque esto no es relevante para el subconsciente desde ningún punto de vista….

Mis abuelos, hacen el amor y engendran a su hijo mayor y primogénito que hacen doble de su padre por nombre, Hans…. pero pese a la distancia entre las familias…. muchísimos años después nace mi hijo el 17 de octubre de 2001, su doble…. de una manera espectacular….

Después nos vamos a dar cuenta que hay otras relaciones que les sorprenderán por la perfección de las mismas…. que yo vengo a descubrir mucho tiempo después porque aparece un documento de mi abuelo en un lugar insospechado en Internet.

Es muy interesante….

La otra opción es como decíamos al principio, cuando los

Julio	Agosto	Setiembre
27 PMOMAT GUSTAVO		
Octubre	**Noviembre**	**Diciembre**
30 ABLOMAT JEAN LOU	25 ABLOPAT EDUARD HANS	HNA 15 KARIN BLANCHE
17 HJO EDUARDO ANDRES	12 AD JEANINE BLANCHE	
	20 O JORGE EDUARDO	
	17 SOBRINO FEDERICO	
	8 SOBRINA VICTORIA	
	19 PMAMAT SUSANA	

dobles se dan todos en un mismo mes y en la imagen pueden ver la vinculación, obviamente con el
Pero yo si estoy a 7 días de mi madre, a 5 de mi abuelo y a 3 de mi sobrino, el hijo de mi hermano…. Federico que nace el 17 de noviembre cuando yo nazco el 20 de noviembre….

Muchos años después, mi padre y mi madre me conciben a mi que nazco a 5 días de mi abuelo, me
adelanto 3 días respecto a lo que estaba programado y quedo a 8 días de mi madre.

Mis padres me concibieron el 25 de febrero, para que fuera exactamente igual a su padre…. pero me adelanto unos días para tener influencia de mi madre también en el límite de las posibilidades….
Obviamente esto condiciona todo el relacionamiento con mi padre, que pasa a ser muy complejo porque el relacionamiento entre ellos era difícil también….

Ese es uno de los motivos por el que nos damos el lujo en nuestras vidas de hacer "esto" de generar dobles….. para sanar relaciones complejas que no hemos podido resolver a lo largo del tiempo….

Obviamente mi hermano tiene a su hijo Federico y el nace a tres días solamente de mi cumpleaños…. yo recuerdo que estaba viajando cuando nació y me vino una enorme desesperación por conocerlo…. por verlo…. una serie de cosas…. que suceden debido a que es mi doble….

Recuerdo que le traje un oso enorme de viaje para el y como siempre sucede el hecho de que sea el doble de uno hace que uno tenga una especial preocupación por la vida del otro todo a lo largo de su vida…. como así también que en el 87% de los casos sea el padrino el mayor del menor… (el subconsciente detecta que en caso de faltar los padres el "doble" será el mejor padrino de su ahijado, lo cuidará con su propia vida).

Es muy importante…. va a ser muy importante para el…. pues habrá una afinidad diferente con el toda la vida…. diferente a la de toda la familia…. especial…. y poderosa….

Octubre	Noviembre	Diciembre
30 ABLOMAT JEAN LOUIS	25 ABLOPAT EDUARD HANS	HNA 15 KARIN BLANCHE
17 HJO EDUARDO ANDRES	7 MAD JEANINE BLANCHE	
	20 YO JORGE EDUARDO	
	17 SOBRINO FEDERICO	
	8 SOBRINA VICTORIA	
	19 PMAMAT SUSANA	

Pasamos al siguiente ejemplo…. como es el caso de mi propia madre…. que nace un 7 de noviembre…. y muchos años después, mi hermano concibe a su hija el mismo día que fue concebida mi madre, naciendo esta unas horas después que la primera…. pues lo que vemos separado por un día en la planilla muchas veces son sólo unas horas de separación entre los nacimientos, muchísimos años después…. el 7 y 8 de noviembre….

Obviamente el relacionamiento es muy especial en este caso, pues debemos comprender que mi hermano ve a su hija como hija pero también subconscientemente como su madre…. y esto es lo que establece las diferencias en la vida diaria….

Le hace caso, la obedece, esta hija tiene una ascendencia especial y fuerte sobre el.

En este caso especialmente hay que comprender que como muy habitualmente sucede, en este caso mi hermano compra una "doble" de su madre también por esposa…. lo que hace que…. se agregue un factor mas que marca profundamente la forma del relacionamiento existente….

Ahora miren como se dan las cosas…. en este nuevo caso tenemos otra familiar…. en esta nueva imagen…. tratándose de una prima, del lado materno que nace el 19 de noviembre….

Para mi tía materna soltera yo era su único y predilecto sobrino y muchos años después al casarse, ella concibe a su hija el mismo día que yo fui concebido, naciendo un día antes que yo el 19 de noviembre…. apenas unas horas antes de lo que yo lo hice….

Octubre	Noviembre	Diciembre
30 ABLOMAT JEAN LOUIS	25 ABLOPAT EDUARD HANS	HNA 15 KARIN BLANCHE
17 HJO EDUARDO ANDRES	7 MAD JEANINE BLANCHE	
	20 YO JORGE EDUARDO	
	17 SOBRINO FEDERICO	
	8 SOBRINA VICTORIA	
	19 PM AMAT SUSANA	

Tenemos un relacionamiento normal durante la vida pero mi prima se aleja, se va a vivir al exterior…. dos años después que yo me mudara a vivir también a otra ciudad…. alejado de mi tía con la que era muy cercano….

Mi prima establece una distancia importante…. no regresando por muchos años al país…. y yo automáticamente y sin razón aparente también me alejo mucho mas de mi tía en los hechos por problemas de relacionamiento….

Es importante comprender que las reacciones se dan de esa manera…. donde los dobles consideramos que una relación no es del todo positiva para nosotros y nos terminamos alejando de ella mas o menos al mismo tiempo….

De igual forma, en la nueva imagen podemos ver que mi otro primo por ejemplo, es concebido por mi tía materna, la misma de la que estábamos hablando…. es concebido haciendo el amor…. el día del cumpleaños de su abuelo materno…. el padre de mi tía materna de la que hablábamos….Jean Louis el 30 de octubre y este hijo nace el 27 de julio, sólo con un

Julio	Agosto	Setiembre
27 PMO MAT GUSTAVO		

Octubre	Noviembre	Diciembre
30 ABLO MAT JEAN LOUIS	25 ABLOPAT EDUARD HANS	HNA 15 KARIN BLANCHE
17 HJO EDUARDO ANDRES	7 MAD JEANINE BLANCHE	
	20 YO JORGE EDUARDO	
	17 SOBRINO FEDERICO	
	8 SOBRINA VICTORIA	
	19 PMAMAT SUSANA	

adelanto de 3 días respecto a la fecha prevista…. por el pronóstico médico…. para su nacimiento en fin de mes….

Es doble de mi abuelo materno, padre de mi tía…. al que perdió a temprana edad….

Lo vuelve a traer en su hijo y lo tiene muy cerca durante mucho tiempo…. "recupera con su hijo el tiempo perdido con su padre"…. en cierta medida…. pero hoy a la edad en que su padre ya había fallecido…. mi primo se encuentra también muy lejos de su madre viviendo en el interior…. repitiendo aquella separación que la vida impuso muchos años atrás.

En el siguiente ejemplo, tengo la comparación que habíamos mencionado anteriormente…. mi abuelo paterno Hans que nace el 25 de noviembre y yo que soy concebido en la misma fecha y vengo a nacer el 20…. solo unos días adelantado…. para lo que predijeran los médicos…. Muchos años después encuentro increíblemente, sin saberlo yo racionalmente, cuando mi abuelo era para mi…. Hans como lo era para todos aquí…. un documento que me demuestra que mi abuelo en realidad era…. Eduard Waldemar Hans…. y yo me llamo Eduardo de segundo

Octubre	Noviembre	Diciembre
30 ABLOMAT JEAN LOUIS	25 ABLOMAT EDUARD HANS	HNA 15 KARIN BLANCHE
17 HJO EDUARDO ANDRES	7 MAD JEANINE BLANCHE	
	20 YO JORGE EDUARDO	
	17 SOBRINO FEDERICO	
	8 SOBRINA VICTORIA	
	19 PMAMAT SUSANA	

nombre….

Esto es espectacular…. porque además mi Sra.le puso a mi hijo al nacer Eduardo también….

Entonces…. debido a esto hay una interacción muy poderosa puesto que su hijo primogénito, mi tío paterno, se llama Hans también…. y encuentro poco tiempo atrás otro documento que me demuestra que ese tío paterno se llama Hans Federico…. y mi hermano y su señora le ponen a mi sobrino como habíamos mencionado anteriormente…. Federico…. sin saber para nada racionalmente hablando que su tío se llamaba de segundo nombre Federico….

Entonces…. increíblemente por dos líneas iguales…. mi abuelo…. yo paso a ser doble de mi abuelo y mi sobrino es doble mío…. pero por otro lado…. mi tío primogénito es doble de mi abuelo y mi sobrino tiene el mismo nombre que él…. siendo doble mío por fecha también a la vez….

Terminamos en el mismo lugar…. los dos somos dobles del abuelo paterno y con mi hijo somos tres….

Pasamos a analizar lo que habíamos dicho en el principio con una imagen sumamente clara…. tenemos en enero al tío paterno del que acabamos de hablar…. de nombre Hans…. y el 25 de noviembre al abuelo paterno, su padre, que se llama con el mismo nombre….

Son dobles por nombre….

Encontramos otra vez el tío paterno que se llama Hans Federico y mi sobrino que se termina llamando Federico sin que mi hermano y su Sra. tengan la menor idea del origen del nombre elegido para el….

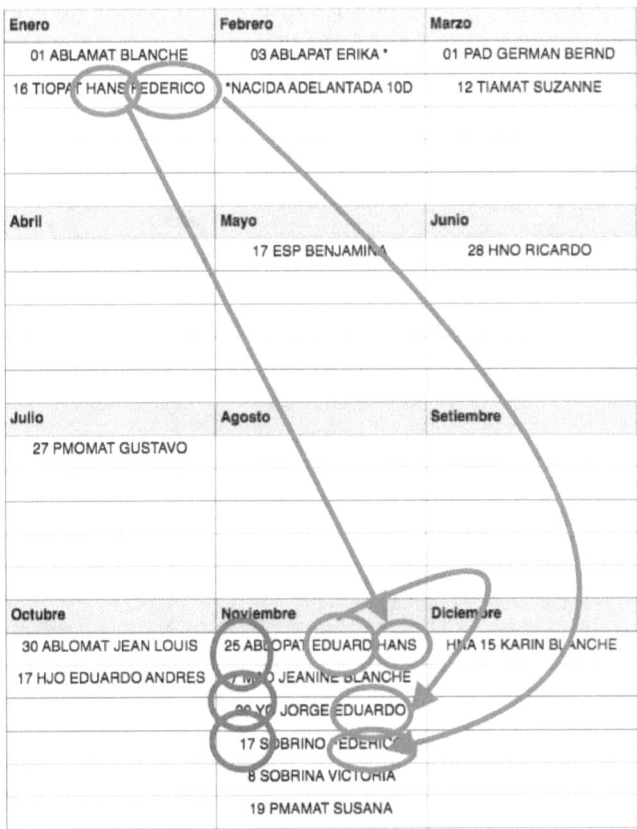

Enero	Febrero	Marzo
01 ABLAMAT BLANCHE	03 ABLAPAT ERIKA *	01 PAD GERMAN BERND
16 TIOPAT HANS FEDERICO	*NACIDA ADELANTADA 10D	12 TIAMAT SUZANNE

Abril	Mayo	Junio
	17 ESP BENJAMIN	28 HNO RICARDO

Julio	Agosto	Setiembre
27 PMOMAT GUSTAVO		

Octubre	Noviembre	Diciembre
30 ABLOMAT JEAN LOUIS	25 ABLOPAT EDUARD HANS	HNA 15 KARIN BLANCHE
17 HJO EDUARDO ANDRES	7 MHO JEANINE BLANCHE	
	00 YO JORGE EDUARDO	
	17 SOBRINO FEDERICO	
	8 SOBRINA VICTORIA	
	19 PMAMAT SUSANA	

En la familia siempre se llamaron todos por el primer nombre y en algunos casos por primero y segundo pero nunca por el tercero…. haciendo este desconocido….Es bueno en el caso de ustedes unirlo con una línea de color para no perdernos entre todas las relaciones de la planilla…. en el gran lío de líneas y relaciones que termina siendo una ficha de este tipo….

Por eso aquí lo pueden ver en la siguiente imagen Hans unido con Hans con una linea….Federico unido con Federico con una línea y a su vez marcados entre si Eduardo con Eduardo unidos con una línea en esta imagen ampliada y a su vez círculos que unen a otros en este relacionamiento familiar importante….

Pasamos entonces a los dobles por concepción con nueve meses entre ellas como mencionábamos anteriormente…. pero en este caso de una forma bien gráfica…. donde ponemos a mi tía en el 12 de marzo…. fecha en que en su honor es concebida mi hermana…. que nace el 15 de diciembre con un retraso de 3 días.

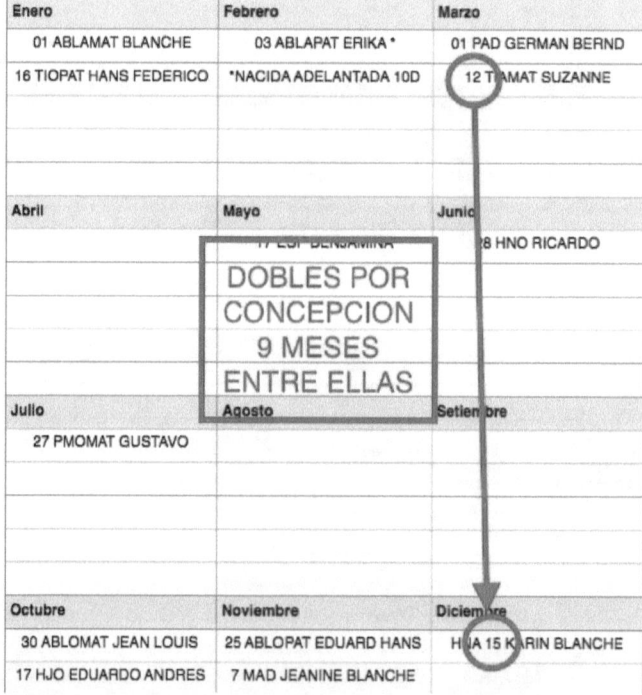

Enero	Febrero	Marzo
01 ABLAMAT BLANCHE	03 ABLAPAT ERIKA *	01 PAD GERMAN BERND
16 TIOPAT HANS FEDERICO	*NACIDA ADELANTADA 10D	12 TIAMAT SUZANNE
Abril	**Mayo**	**Junio**
	17 ESP BENJAMINA	8 HNO RICARDO
	DOBLES POR CONCEPCION 9 MESES ENTRE ELLAS	
Julio	**Agosto**	**Setiembre**
27 PMOMAT GUSTAVO		
Octubre	**Noviembre**	**Diciembre**
30 ABLOMAT JEAN LOUIS	25 ABLOPAT EDUARD HANS	HIJA 15 KARIN BLANCHE
17 HJO EDUARDO ANDRES	7 MAD JEANINE BLANCHE	

Son dobles por concepción y hay 9 meses entre ellas….

La siguiente opción es la que hablábamos anteriormente respecto al adelanto o el retraso en el nacimiento de uno u otro que podemos identificarlo claramente.Este retraso a adelantamiento puede ser muy grande si por alguna razón reinante en tiempo del embarazo.... reniegan las madres de quien tienen en su vientre.... (si nace en tal fecha será igual a mi marido golpeador por ejemplo....lo adelanto 2 meses para no correr ese riesgo durísimo para la madre)

En todos los casos tenemos que ser muy claros con los nombres puesto que el nombre masculino y femenino aveces implica como en el caso de mi abuelo materno Jean y de mi madre que se llamaba Jeanine.... implica feminizar el nombre para convertirlos en dobles y obviamente por esto miren lo que sucede.... suceden cosas increíbles desde este punto de vista....

Octubre	Noviembre	Diciembre
30 ABLOMAT JEAN LOUIS	25 ABLOF T EDUARD HANS	HNA 15 KARIN BLANCHE
17 HJO EDUARDO ANDRES	7 MAD JEANINE BLANCHE	
	20 YO JORGE EDUARDO	
	17 SOBRINO FEDERICO	
	8 SOBRINA VICTORIA	
	19 PMAMAT SUSANA	

Mi madre permanece junto a su madre viviendo en el mismo edificio durante muchos años.... toda la familia de forma unida.... pero en la fecha en la que mi madre cumple la misma edad en la que murió su padre.... ella se aleja también de su madre (esposa) y deja de estar junto con ella.... como lo hizo su padre pero debido a su muerte y no como en este caso por razones de relacionamiento.

Su madre y su hermana le "cobran" a su Alma.... el abandono de que fueron objeto muchos años atrás cuando esta se encontraba también en su padre Jean que falleció en un viaje de negocios en Francia….

Tenemos que entender esta recriminación permanente de mi abuela, su madre, pues del subconsciente identifica en la otra persona "aquel" que me abandonó hace muchos años con mis hijas…. soy viuda "porque te fuiste" y me dejaste…. nuestra hija es tu doble y pagará las consecuencias de algún punto de vista….más allá de que siempre sea la "hija querida del Alma"…. conviviendo con una recriminación permanente debajo, que no sabemos comprender….

Julio	Agosto	Setiembre
27 PMOMAT GUSTAVO		

Octubre	Noviembre	Diciembre
30 ABLOMAT JEAN LOUIS	25 ABLOFIT EDUARD HANS	HNA 15 KARIN BLANCHE
17 HJO EDUARDO ANDRES	7 MAD JEANINE BLANCHE	
	20 YO JORGE EDUARDO	
	17 SOBRINO FEDERICO	
	8 SOBRINA VICTORIA	
	19 PMAMAT SUSANA	

Como decíamos entonces, el abuelo materno que es doble de su hija, Jean de Jeanine que es doble por fecha de mi sobrina Victoria que cumple el 8 de noviembre.
En la realidad miren como es esto…. es fantástico…. porque Jean hace una doble que es Jeanine y después…. mi hermano hace una doble de mi madre Jeanine que es mi sobrina Victoria por fecha…. naciendo el 8 en lugar del 7…. y miren como es….
Mi abuelo era Abogado y Arquitecto (sin ejercer esta última salvo en sus propiedades) y mi sobrina está estudiando Arquitectura….no digo casualidad pues las casualidades no existen…!!! El único problema es que creemos que no tenemos la información para comprender porque suceden las cosas.

Su abuelo Jean estudió arquitectura porque "le gustaba" e hizo cinco años de la carrera en Europa pero prefirió recibirse de abogado y especializarse en comercio internacional…. dejando de lado la arquitectura en la que no se recibió….pero si hizo

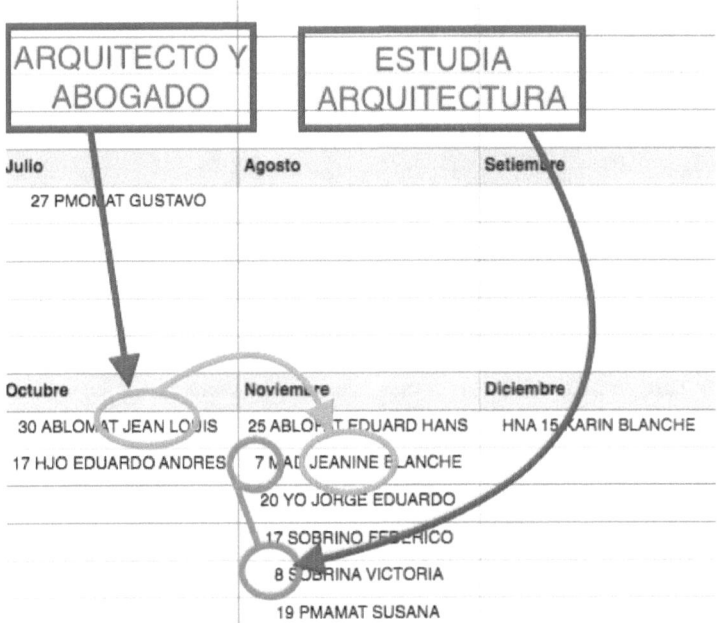

muchísimos planos con arquitectos amigos que se los firmaban…. inclusive el plano del edificio donde vive la familia todavía…. para poder ejercer una de sus pasiones…. la arquitectura…. y ahora su doble…. mi sobrina…. cumplirá con el deseo del abuelo y se recibirá de arquitecta…. solucionando y reparando temas respecto a eso….

Aquí tenemos una imagen un poco mas clara al respecto pues también las cosas se dan por fecha de la forma que mencionábamos…. ya que Jean nació el 30 de octubre…. mi madre Jeanine el 7 de noviembre y mi sobrina el 8 estableciendo ese relacionamiento numérico muy importante en el Universo. El Universo es numérico…. cosa que muchas veces nos cuesta comprender pero otras…. para quienes estudian numerología…. es sumamente simple….

Esta expresado en esta nueva imagen…. mi abuelo materno Jean vivía lejos de sus hijas y de su esposa porque viajaba permanentemente….

debido a que era representante de una empresa francesa en Las Américas, lo que lo obligaba a viajar permanentemente….y obviamente su doble…. mi primo Gustavo que nace el 27 de julio siendo doble por fecha al tener los 9 meses de separación…. también vive lejos de su madre desde que se casa…. siempre vive lejos de su madre….

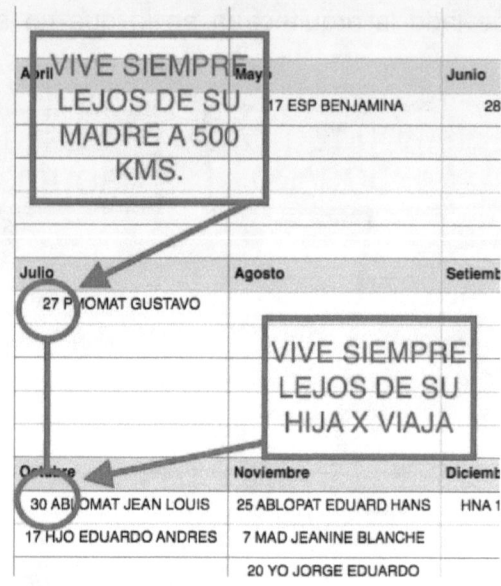

Hay que entender que yo me mudo al interior…. lejos de mi tía…. me alejo de mi tía…. y un par de años después mi prima, doble mío se muda a vivir al Europa…. también lejos de su madre….

Yo considero que tengo que reparar cosas con su madre y ella lógicamente también desde algún punto de vista se aleja mucho más de la misma.

Desde algún ángulo todos encontramos que hay razones concretas para esos cambios, pero miren como es pues lo que estamos expresando continúa…. porque cuándo comienza a analizar mas en profundidad y a comprender como es la relación…. encuentra las demás asociaciones….

Mi prima que se muda a

vivir a Francia como decíamos…. se muda muy lejos, es doble mío pero también es doble de su bisabuela (madre de su abuelo) una Sra. Francesa….

Increíblemente mi prima se muda a Francia cuando se aleja de su madre y sin saberlo por lo menos racionalmente, termina viviendo en el sur de Francia a pocos kilómetros de donde vivió

su bisabuela francesa de la que ella es doble y además a pocos kilómetros de donde está enterrado su abuelo (pero que en realidad ella siente como su hijo y padre) ya que ella es doble de su bisabuela y también de su madre….

En esta nueva imagen tenemos otra interacción interesante ya que yo soy doble de mi abuelo paterno y me caso con una doble de su esposa y de mi primer novia, como en la mayoría de los casos sucede, y todos los relacionamientos…. la relación con mi esposa esta teñida de mucho de lo que sucedió en la relación entre ellos….

Nos casamos con "dobles" y sentimos que pasan cosas similares a lo que en aquellas relaciones sucedía…. e intentamos que sean totalmente diferentes….

Enero	Febrero	Marzo
01 ABLAMAT BLANCHE	03 ABLAPAT ERIKA *	01 PAD GERMAN BERND
16 TIOPAT HANS FEDERICO	NACIDA ADELANTADA 10D	12 TIAMAT SUZANNE
Abril	**Mayo**	**Junio**
	17 ESP BENJAMINA	28 HNO RICARDO
Julio	**Agosto**	**Setiembre**
27 PMOMAT GUSTAVO		
Octubre	**Noviembre**	**Diciembre**
30 ABLOMAT JEAN LOUIS	25 ABLOPAT EDUARD HANS	HNA 15 KARIN BLANCHE
17 HJO EDUARDO ANDRES	7 MAD JEANINE BLANCHE	
	20 YO JORGE EDUARDO	
	17 SOBRINO FEDERICO	

NOS CASAMOS CON DOBLES Y LO QUE IMPLICA

Tratamos de evolucionar y sanar todas esas relaciones…. de alguna manera….

Si yo en mi "anterior existencia" me caso con Erika que había nacido adelantada varios días…. entonces yo me vuelvo a casar en esta oportunidad….o mi Alma en su siguiente existencia se vuelve a casar con un doble de ella que nace en este caso retrasada el 17 de mayo….

Como ven en la imagen…. yo conservo en mi actual existencia reglas de conducta de la anterior o me vuelvo a casar con dobles de mis anteriores parejas…. cosa que se cumple en el

68 % de los casos estudiados….buscando reparar cosas que fueron complejas en las anteriores relaciones….

Obviamente esto tiñe esta relación, sin que esto sea fácil de identificar, ya que la mayoría de las personas que te rodean están totalmente analfabetas en este tema….

Ahora miren también en la siguiente imagen…. el relacionamiento por nombre…. en este caso mi hermana que se llama por segundo nombre igual que su abuela materna del 1ero. de enero…. pues le ponen el mismo nombre (Blanche) y la convierten en doble automáticamente pero con una diferente posición en el orden en la familia.

Este tema del orden familiar lo analizaremos en un siguiente libro, ya que es extremadamente interesante y además determinante de la personalidad y las relaciones en el entorno familiar. Una es poderosa por ser primogénita y la otra es conflictiva por ser tercera en el orden familiar.

Mi abuela materna era primogénita, viuda y poderosa…. fuerte en muchos aspectos…. no trabajó nunca puesto que en esa época no se solía trabajar….

Mi hermana dos generaciones después es tercera en lugar de primogénita lo que ya determina muchos cambios respecto a su abuela…. en vez de ser viuda es divorciada, es conflictiva pues las cosas cambian de primogénito a tercero como mencionamos …. es fuerte pero tampoco trabajo casi nunca…. igual que mi abuela…. son dobles por nombre….

Vamos a analizar ahora la última opción que también involucra a mi sobrina, la hija de mi hermana, nace en abril 13 y es doble de

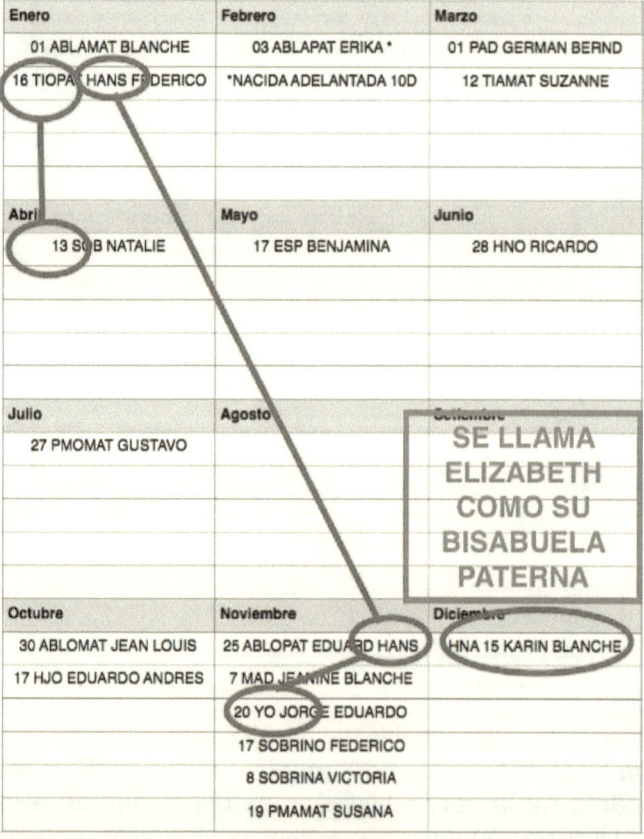

Enero	Febrero	Marzo
01 ABLAMAT BLANCHE	03 ABLAPAT ERIKA *	01 PAD GERMAN BERND
16 TIOPA HANS FEDERICO	*NACIDA ADELANTADA 10D	12 TIAMAT SUZANNE

Abril	Mayo	Junio
13 SOB NATALIE	17 ESP BENJAMINA	28 HNO RICARDO

Julio	Agosto	Setiembre
27 PMOMAT GUSTAVO		SE LLAMA ELIZABETH COMO SU BISABUELA PATERNA

Octubre	Noviembre	Diciembre
30 ABLOMAT JEAN LOUIS	25 ABLOPAT EDUARD HANS	HNA 15 KARIN BLANCHE
17 HJO EDUARDO ANDRES	7 MAD JEANINE BLANCHE	
	20 YO JORGE EDUARDO	
	17 SOBRINO FEDERICO	
	8 SOBRINA VICTORIA	
	19 PMAMAT SUSANA	

su tío abuelo paterno Hans Federico que nació el 13 de enero…. porque el 13 de abril es la fecha de concepción del tío abuelo materno paterno….

Hans es doble de Hans como pueden ver....

Miren como es.... ella tiene a su hija que es doble de su tío.... este a su vez es doble de su abuelo.... pero ella.... mi hermana se llama Elizabeth como su bisabuela paterna.... o sea....

La madre de mi abuelo Hans se llamaba Elizabeth de la que es doble mi hermana.... y esta tiene una hija que es doble a su vez nuevamente del nieto de Elizabeth.... Hans....hijo y doble de Hans padre el hijo directo de Elizabeth.....

Mi hermana Elizabeth.....tiene una hija que es doble del hijo doble del hijo de Elizabeth Bisabuela nuevamente......

Fantástico !!!!

Es complicado y esta entreverado pero lo van a poder analizar bien en la imagen que adjuntamos para ello....

Esto también les va a pasar a ustedes.....van a alucinar con las relaciones que se crean y se recrean en nuestras vidas.....Son cosas que suceden dentro de las familias, pero esto les va a permitir entender todo el relacionamiento entre los integrantes de los clanes.... que es muy poderoso....

Entonces mi hermana exige muchísimo a esta hija.... Natalie una hermosa persona....

La exige muchísimo en su vida para que estudie.... para que progrese.... para que vaya para adelante.... porque de alguna manera ella es igual que aquella que en Alemania concibió muchísimos años atrás a su hijo Hans, que yo represento hoy encontrándome también muy alejado de ella como lo estuvo Hans de su madre....

Queridos amigos.... vamos a dejar por aquí con esta imagen.... ya que están pasados los 44 minutos de video prácticamente finalizando este manual.

Cualquier otra consulta la pueden hacer vía email o como algunos hacen por supuesto enviándonos un formulario completo para el estudio.

Les proveeremos siempre que les sea necesario y nos sea posible un formulario en formato PDF rellenable que se puede archivar con el nombre y mandar para que efectuemos el análisis profundo, si es que no consideran que lo pueden hacer....

En la realidad todos podemos hacerlo....!!

Si quieren analizar algo mas en profundidad vamos a estar siempre a su servicio para ello....

Ha sido un gran placer hacer este manual que estará incluido en el libro interactivo como parte central del mismo, en la medida que nos brinda la posibilidad de COMPROBAR todo lo que estamos diciendo en el libro.... cada uno en su propia experiencia de vida.... y comprender la razón principal para todo lo que nos pasa en la vida....!!!

No es poca cosa.....y como decimos siempre.... la razón principal para un enorme empoderamiento, al comprender que nuestra vida no empezó aquí y no termina aquí tampoco....y que hay VIDA ETERNA DETRAS DE NOSOTROS !!!

Cuando comenzáramos con las sanaciones de este tipo le llamamos "Sanación Cuántica" sin comprender todo lo que esto involucraba realmente....-

Recién hoy entiendo que Cuántica es un término muy mal comprendido en la actualidad, puesto que se vincula con la física que si comprende lo que significa .....

La "física cuántica", aunque muchos científicos no lo han comprendido todavía, implica la "física multidimensional" con todas las características multidimensionales de las partículas cuánticas...

Por tanto esto es "Sanación Cuántica" y es "Sanación Multidimensional" en la medida de que involucra los aspectos multidimensionales del Alma y su existencia en varias dimensiones "espacio-temporales" que en este libro comenzamos a explicar para todos ustedes.......

GRACIAS....GRACIAS... GRACIAS...

5
Empoderamiento y Paz Interior
Amate...todo es perfecto!!

Que tal queridos amigos!!

Como se habrán podido dar cuenta....si ya pasaron todas las etapas de este libro en forma ordenada... ....por sobre todas las cosas el análisis con la planilla que proporcionamos....se habrán dado cuenta de que hay presencias muy importantes en nuestras familias.....

Se habrán dado cuenta de aquellos que son dobles de ustedes y dobles de alguien mas, habrán identificado casi todos los dobles..... unos y otros.... dentro de la familia y dentro de aquella que nosotros consideramos "familia política" en cierta medida, que también es muy importante para todos nosotros.....

Como decíamos en otras oportunidades..... los ahijados.... que siempre, siempre, siempre tienen mucho que ver con todo esto....

Ustedes se van a dar cuenta que en la mayoría de los casos.... los ahijados también son dobles de sus "padrinos"..... en la mayoría de los casos.... porque su padre o su madre tienen una imagen tan buena de nosotros.... que terminan creando a esos "ahijados" de alguna forma.... dobles de sus padrinos....

Recuerden que esto significa que estamos cruzados en la fecha de nacimiento, en la fecha de concepción del otro o en la misma fecha.... obviamente o con el "nombre" ni que hablar....

Habrán ido identificando el porqué de todas las "acciones especiales" dentro de la familia.... el porqué de aquellos relacionamientos comprendidos y de también de los incomprendidos…. de los que parecen lógicos y de los que no lo parecen….

Ya entendiste a esta altura…. porqué este o aquel hermano tiene una pésima relación con mamá….. con papá….. o con otro hermano…..

Ya comenzaste a comprender como es el sistema….. y algunas que no entendiste lo vas a entender con el tiempo….. vas a ir logrando identificar poco a poco que es lo que pasa….. y lo que pasó…..

Como decimos en tono de juerga te va a "caer la ficha" poco a poco de porque es….. o cuándo veas una determinada relación….. una determinada actitud….. vas a comprender muy especialmente porque es esa actitud, o este relacionamiento pésimo entre tales y cuales de la familia….. o este relacionamiento excelente….. por no poner "lo considerado negativo" primero…..

Pero no hay nada negativo!!! …..ni positivo en esto….. en la realidad todo es "perfecto" porque es para brindarnos una posibilidad de reparar cosas entre aquellos que son "dobles" y con todos los demás…..

Inevitablemente estamos siempre….. reparando cosas con ellos…..

Esto es muy importante porque no todos tenemos claro que es de esta manera que se da….. siempre!!!

Ahora obviamente iras ubicando también….. como siempre decimos…. otras cosas….

Irás ubicando el origen de muchos inconvenientes….. por no decir lógicamente el origen de muchas de las enfermedades y de muchas de las problemáticas que involucran a nuestras familias…..

Empezarás a comprender entonces….. el origen de muchos conflictos….. o muchas enfermedades, muchos problemas….. que están allá lejos, ocultos muy atrás…. en el abuelo o tal vez el bis abuelo….. sus formas de vida y mucho mas…..

Empezarás a comprender porque cargamos aveces con determinados conflictos..... determinados problemas emocionales de nuestro doble en la familia.....

Cargamos con esos problemas y cargamos con todo lo demás..... porque cargamos también con hermosas herencias..... de esos dobles que fueron personas queridas..... personas valoradas..... y entonces en la vida actual nos damos cuenta que tenemos gente que nos valora muy especialmente..... y son quienes se relacionaron con mi doble y esperan tal vez mucho de mi o algo diferente de mi.....

Pero yo no soy exactamente igual a aquel doble.....

Hay algo que siempre expresamos de forma muy clara.....y los dobles en la familia son iguales..... tienen el Alma del otro..... pero no hay que olvidarse que es una nueva generación.....

Aquí yo siempre hago la comparación de los teléfonos..... diciendo que un doble es aquel que tiene el Alma del primero y tal vez de muchos más atrás..... pero en la realidad que es como los los teléfonos..... el teléfono 6.0 y el teléfono igual pero 8.0..... el origen..... el doble que es origen es 6.0 y el nuevo es "mas evolucionado" tiene un software diferente..... tiene todo el bagaje de aquél pero además tiene su propio aprendizaje en su vida..... en un tiempo diferente..... que lo hace evolucionar de manera "diferente"..... logrando un estado evolutivo de conciencia mucho mayor..... mucho mejor en la realidad que aquel otro..... y dejar por el camino muchos problemas, conflictos e inconvenientes en su vida..... que el otro los tenía.....

Ayer en una charla de sanación de las que realizamos..... una persona me dice..... yo soy igual a mi padre..... pero mi padre tenía muchos problemas ..... era alcohólico..... tenía graves inconvenientes de relacionamiento y nunca tenía una pareja estable..... Y yo le digo: Y tu como sos?..... tuviste alguna dependencia?.....

Si yo también fui alcohólica o por lo menos bebí mucho en mis jóvenes edades..... pero hasta cierta edad..... después ya no.....!!
Y además soy súper estable en mi pareja!!

Por supuesto!!….. Porque es más evolucionada y deja por tierra todo lo que como hija vivió con aquel padre y que fue sumamente negativo para ella….

Entonces transita por las dependencias pero se sale de ellas….. y obviamente tiene una pareja totalmente diferente…..

Ustedes verán este fondo (referido al fondo del video), que siempre ponemos y que es una estela en el mar….. es algo para nosotros muy simbólico….. respecto a aquello que decía el poeta….. y también algún cantante….. de que "no hay caminos….. solo estelas en la mar"….. porque así es la vida…. y es lo que estamos tratando de explicar…..

Siempre es una evolución….. siempre es un avanzar hacia adelante… no por un camino determinado ni predeterminado….. sino por el camino…. al igual que el barco….. que yo debo tomar….. el camino que se abre delante de mi proa…. el camino que se abre con sincronicidades delante de mi vida….. yo debo tomar de alguna manera y lo termino tomando siempre…. por algo….

Ese camino por el que la vida me va llevando, para un lado y para otro, para completar esas experiencias que mis dobles anteriores no pudieron completar….. y obviamente evitar que sus conflictos y los míos pasen a mi descendencia….. pasen a mis hijos….. pasen a mis dobles en el futuro…..

Esto es muy importante….!!

Esto ha ido variando….. y ya lo tenemos muy presente el las consultas…. dónde en general….. la mayoría de las consultas antes eran por grandes conflictos….. grandes problemas….. grandes enfermedades….. y poco a poco han ido variando y han pasado a ser por otros motivos….

La mayoría de las consultas hoy por hoy son "porque no quiero dejarle nada de esto a mis hijos"…. "porque quiero comprender" ….. "porque quiero liberarme de las cargas que tengo y que traigo de mi familia"….. comprender y avanzar libre de peso….. con la seguridad de que no le voy a dejar ese lastre a mis hijos….. a mis dobles….. en general…..

Es un tema muy hermoso….. es algo espectacular….. pero que por sobre todas las cosas….. lo decimos en el título del libro….. es el acceso a la inmortalidad….!!!

El acceso a comprender que nuestra experiencia….. y no estamos ablando de la experiencia del cuerpo físico….. sino de la experiencia de nuestra Alma….. no termina aquí….. continúa….. en mis dobles….. aquellos que me continúan….. una y otra vez….. continúa en ellos…..en nosotros!!!

Ellos ya están haciendo en muchos casos, porque convivimos en las experiencias de vida,….. ya están haciendo una experiencia diferente a la mía ….. ya están están haciendo una experiencia más evolucionada de alguna manera…..

Yo ya puedo ir identificando la experiencia más evolucionada que la mía….. inclusive aprendiendo en la forma en que mis dobles se manejan en una nueva actualidad y energía…..

Con juventud, en otro tiempo, y de otra manera…con otro criterio…

Como decíamos al principio….. Este Secreto….. escondido por aquella Iglesia Oficialmente….. no por la Iglesia….. sino que comenzó a esconderse por parte de esa Iglesia….. allá en tiempos de Constantino….. "ordenado" su encubrimiento….por el Emperador y los Obispos de ese Concilio….. para obtener ellos el "poder" que significa "conocer" este secreto sin que nadie lo tenga presente…..

Por sobre todas las cosas….. quitarle a la gente el poder de la tranquilidad de saber que el Alma sigue…..

Que no termina ahora la experiencia…..

Que no termina en esta vida…..

Que continúa….. y continúa presente….. y como decimos en los capítulos anteriores nos solo eso….. sino que te dimos la herramienta para que puedas comprobarlo, verlo y analizarlo a lo largo de tu vida….. viendo como evolucionan "esos que son mis dobles" y tienen mi Alma…..!!

Sin olvidarte que esa Alma tal vez es "compartida" con otro mas..... son dobles míos y de alguien más..... y entonces tienen la influencia de las dos Almas..... y hacen cosas de uno y de otro.....

Como hemos encontrado a nivel de la consulta..... cuándo tienen interacción de demasiadas personalidades del Clan.....cuándo hay interacción de demasiadas Almas..... en un nuevo Ser..... hay problemas complejos.... muy complejos aveces..... porque no sabemos en definitiva quiénes somos y para que estamos aquí..... que es lo que tenemos que resolver.... lo que tenemos que evolucionar en esta vida.....

No nos queda claro..... nos parece muy complejo..... nos parece que hay demasiado por trabajar..... y es bastante coherente.....

Como decíamos entonces..... te estamos entregando el "poder" de saber que no terminas en esta vida.....!!!

La muerte deja de ser aquello terrible..... el final de la existencia..... porque la existencia no es la existencia física..... es la Existencia del Alma.....

Esto lo dicen todas la Religiones de alguna manera..... lo explican todas la religiones.....

"He hizo aquél a su imagen y semejanza"....

Nadie lo entendía.....

Hoy por hoy lo empezarás a comprender..... que tan fuerte es eso de "a su imagen y semejanza".....

Cuándo tu doble venga a pedirte apoyo..... a pedirte consejo para determinadas cosas..... te escuche con atención..... cuándo no lo hace con otros..... no te juzgue.....

Miren como es..... esa es una de las características más lindas de los dobles..... nos es difícil juzgar a nuestros dobles.....

Cómo podemos juzgar a nuestra propia Alma en otra experiencia..... te vas a dar cuenta que no podés..... o que por lo menos lo hacemos muy levemente..... porque no es tan fácil….. tengo la sensación de que si lo juzgo a el me juzgo a mi mismo….. y me estoy metiendo en problemas….. en incoherencia con migo mismo…..

Comprenderás también así los conflictos muy poderosos que vienen de otros de allá atrás….. porque la mayoría de nuestros problemas residen en la repetición de los patrones….. en las vidas…..

En un té de sanación que hicimos ayer surgía esto….. "pero entonces los patrones se repiten"….. decía alguien…..

Claro!! ….. se repiten….. y lo mas complejo es de que tengo la sensación de que esto ya lo viví….. "no puede ser que lo este viviendo otra vez en mi vida….. nuevamente pues es algo reiterativo"…..

El problema es que allá atrás ya lo vivieron….. yo en esta vida o en las anteriores con mis dobles anteriores…..

Ayer poníamos el ejemplo de unas personas que venían de la guerra civil española, y los antepasados, sus abuelos habían vivido grandes penurias económicas al quedar uno de los dos padres preso…..

Los demás no tenían para comer, ni para vestirse, ni para calzarse….. entonces pudieron esas consultantes comenzar a comprender porqué una de ellas tiene una tienda de ropa, la otra un supermercado de alimentos y la tercera una zapatería…… y porqué una de ellas busca desesperadamente niños descalzos en la calle….. para luego proporcionarles calzado con su zapatería….. con aquellos remanentes que ella piensa que no tienen valor pero que si lo tienen!!

Trata de mantener su zapatería y ganar algo y con aquello que piensa no utilizará….. apoyar a otros niños para que "no sufran lo que yo sufrí sacando papas del campo en el invierno europeo descalza a los 5 años"…..

Pero tu no tuviste calzado cuando eras chica?

Yo si pero mi padre no….. mi padre que era mi doble era el que siempre estaba descalzo en invierno en Europa cuándo era niño….. pues su padre estaba preso…..

En la misma charla de sanación había gente que expresaba de manera muy clara…..yo viví determinada carencia alimenticia después de que mis padres se separaron….. quedé en situación de calle….. no tenía que comer durante mucho tiempo….. hasta que después una abuela se hizo cargo de mi y pasé a tener alimentación….

Yo vivo la vida preocupada por tres obras de caridad que se dedican a darle de comer a los niños carenciados…… claro que si……así es……!!

Las memorias de nuestros dobles nos ayudan a hacer una hermosa contribución a la vida desde el estado más alto del Alma que existe hoy por hoy…..que es La Compasión…..

Una compasiva forma de vida intentando que los que están a mi alrededor, cualquiera sean, no sufran lo que yo sufrí….. ya no solo en mis dobles sino que a modo de sanación y reparación intento hacerlo de manera más amplia…..en general…..

Se van a dar cuenta por que están dispuestos a ayudar, a financiar, apoyar a sus dobles mas que a cualquier otro en la familia….. inconscientemente….. te regalo esto….. te doy aquello….. que necesitás…… porque yo internamente se las necesidades de aquél….. les tengo claras….. el es mi continuación…..

El es mi evolución……me va a permitir ver…..que me va a permitir ver?….

Mi realización también….. en mi y en el….. en sus propios logros…..

Mi sanación……la de mis problemas en mi y en el…..

Voy a ver los mismos problemas….. como tal vez voy a ver que mi doble mas pequeño….. sale airoso de las pruebas de las que mi doble "mayor" no pudo salir y yo estoy "peleando" por salir…..

El ya salió airoso de esa prueba…..dándome una Gran Paz de Espíritu…..

La Paz de Espíritu es lo que inmediatamente vas a obtener apenas empieces a ubicar dónde están todos esos dobles.....

Vas a empezar a obtener una Paz Interior Muy Poderosa que deviene de aquello..... de saber que La Vida No Termina esta Vez..... la vida del Alma que es la que importa no termina en "esta experiencia".....

Entonces nos empezamos a liberar de todo aquello que Constantino no quería que nos liberáramos.....

De la necesidad de recurrir a la Religión para obtener..... un perdón..... para llegar a un "lugar mejor" después de la vida con el "visto bueno" de los "representantes de Dios en la tierra".....una u otra religión.....

"Es necesario pasar por la religión para acceder al Cielo"..... acceder a la Tierra Prometida..... a aquello que es "Superior".....

"Porque la Vida termina en esta vida" decían en aquel entonces..... y tu único camino posible es a través de la Religión...... que te puede "absolver" y hacerte entrar al Cielo en lugar de la Infierno.....

Es una idea muy arcaica que todos tenemos "grabada" en el interior....todos tenemos grabada muy interiormente y conocer este Secreto.....nos va permitir abandonarla..... soltarla definitivamente..... aunque tal vez nunca estuviste ligado a la religión (de re-ligar).....

Te va a permitir soltar aquello de la necesidad..... de resolver en "esta vida" todos mis problemas para poder entrar en el "Reino de los Cielos" .....un lugar mas elevado..... sino que terminamos entendiendo que es solamente un escalón más donde todos vamos siempre..... en aquella larga escalera de la evolución de la conciencia.....

Como todas las religiones de origen decían..... y ahora que digo origen me acuerdo que yo les hablaba de Orígenes de Alejandría..... quien había sido fuertemente denostado por Constantino y todos sus seguidores..... sus cómplices.... para eliminar esta información.

Esta información…..Este Secreto que está en todos lados….. en todas las escrituras Sagradas del Planeta dicen que "Nuestro Dios Esta Adentro"….. que "Somos Dios"…..

Pero no lo creíamos porque nos estaban vendiendo que tenemos que acceder a Dios a través de determinado sistema….. con el visto bueno de determinadas personas….. con la absolución de otras personas….. permaneciendo fieles a determinadas doctrinas, cosa que cambiará en las nuevas religiones en breve…

Dividiendo el Mundo entre una serie de Religiones y de Dogmas muy poderosos….. dónde todos se consideran únicos verdaderos y superiores a los demás…..

Todo aquello que comienzas a comprender lo vamos a reforzar en el siguiente capítulo de este libro, que va a ser muy concreto con ejemplos certeros de como influencia nuestras vidas….. Ejemplos concretos de una serie de personas con problemas, físicos, enfermedades, psicológicos, relacionales e inclusive psiquiátricos….. que van a poder ser analizados por ti para crear aquello de las similitudes y comenzar a sanar de acuerdo con las experiencias de los demás…..

Como sucede con las charlas de sanación que nosotros damos…… dónde una o otra persona van aportando sus realidades con generosidad y van permitiendo comprender a todos aquellos que están involucrados en la misma charla…..

Les permite sanar algo….. aunque sea un uno por mil de su conflictividad pues como decimos,… todas las situaciones en las que estamos involucrados son "necesarias para nosotros" de alguna manera…..

La gente esta comenzando a comprender que no hay "casualidades"….. que no existen las casualidades …… que eso es algo que nos "vendieron" pero que no existen las casualidades…..

Todas las experiencias de vida por las que pasamos son perfectas para nosotros….. tienen la información que necesitamos para sanar determinadas cosas, para evolucionar.

Si comienzas a evolucionar en forma muy fuerte….. muy fuerte….. comenzarás a ver que todas las situaciones en tu vida son sincrónicas y son para reparar algo que sucedió hace muy poco y que yo no comprendía….. y a través de esta situación….. ya logro comprenderlo….. y puedo avanzar libre de peso a la siguiente situación…..libre de carga…..en Paz….. con Paz Interior…..

Lo que te va a dar el conocimiento de este Secreto a muy mediano paso es eso:

Paz Interior….. autosuficiencia….. Poder interior….. te va a permitir reconocer tu propio Dios Interior en muchos aspectos y darte cuenta de que TU sos el Creador de tu Propia Vida….. y de que no dependemos absolutamente de nadie para avanzar en ella….. solo de nosotros mismos….!!

Hubo alguien que unos días atrás en una consulta a larga distancia decía….. "necesito que me sanes" y yo le decía "yo no puedo sanar a nadie y no lo hago, sino que cada uno es el que se sana a si mismo comprendiendo y tomando consciencia de los problemas que lo limitaban hasta hoy "…..y yo lo único que puedo posibilitar es una mejor comprensión de la propia realidad para que tomes conciencia de ella….. y a partir de hoy te ames un poco mas…..

Vuelvas a amarte a ti mismo!!

Entonces la enfermedad o los conflictos ya nos son necesarios…..

Espero que este Secreto te Empodere como me ha Empoderado a mi….que muchos años después de descubrirlo todavía me permite seguir encontrando "dobles"…… información…… documentos….. vivencias…..

Empezando a comprender porque si aquel doble de origen, como me sucedió a mi, era un gran empresario ….. todos los demás para abajo entienden que tu debes ser un gran empresario….. y recurren a ti para que los ayudes en eso…..

Porque hay muchos que entienden que yo soy de determinada manera pese a que puedo haber evolucionado y no sea ya de aquella forma y digan …… pero como…. no puede ser….. que tu seas así….. porque están pensando en que tu "deberías" ser como aquel……buscan en ti a aquel….. porque su Alma "identifica" el Alma de aquel en ti…..

Siempre el Alma identifica a uno y otro…..

Años después de saber todo esto….. yo todavía estoy encontrando en mi propia familia cosas que son sumamente importantes para mi….. para entender….. para sanar cosas dentro de ella…..relaciones….. incomprendidas….. aquel que se alejó….. aquel que no se hizo cargo…..

Todo tiene una razón….. nada es porque si….. o por la "maldad" de alguien….. no existe la maldad….. no existe lo bueno y lo malo….!!

Eso es una costumbre de los humanos, que tenemos la idea de juzgar siempre en dualidad, si algo es bueno o es malo, si es blanco o negro, es cálido o frío, pero juzgamos todo de esa manera también…..

Ta adjuntamos antes y después de este video (capítulo) links para bajar tu planilla, para efectuar consultas….. vas a encontrar correos y algún otro material que te sea de utilidad si bien no tienes mas que imprimir la página de la planilla en blanco para poder utilizarla.

Las experiencias poderosas transgeneracionales como le vamos a llamar a esta técnica…..Terapia Trans Generacional….las vas a encontrar en el siguiente Libro del Mismo nombre que se editará en breve.

El Secreto de la Inmortalidad II

Vas a encontrar situaciones concretas para poder encontrar las tuyas propias de vida y empezar a establecer las similitudes….. comprender y tomar consciencia de que tanto nos afectan…..

Es muy Poderosa la forma en que nos afectan….!!

Las situaciones en la vida nos duelen especialmente si son similares a las que le dolieron a mi doble anterior…..

Las situaciones en la vida nos Empoderan si son similares a las que empoderaron a aquel que era mi doble anterior..... porque yo lo vuelvo a vivir como empoderante para mi.... o yo lo vuelvo a vivir como doloroso para mi y muy difícil de superar porque me parece que "esto ya me pasó"..... no puedo creer..... esto es my doloroso y no puede volver a pasar.....

Aunque yo no tenga la idea concreta de que "vuelve a pasar" es muy fuerte para mi..... no lo puedo superar y no entiendo porqué.....estoy de un lado diferente del mostrador en cada vida, soy hijo y vuelvo a ser padre, y vuelvo a ser hijo, tal vez de la misma Alma.......

En la realidad es por eso..... es porque ya paso muchas veces..... y es algo que hay que superar..... y..... no puede ser otra vez.....

Con esta alocución terminamos este libro pues tenemos claro que los libros de aquí en mas deben ser así.....

Como decíamos al principio..... estamos apelando a tu tercer y cuarto lenguaje..... aquel que tu mismo estas utilizando cuando estas escuchando.....

Me resuena....o no me resuena..... me parece o no me parece..... lo siento como válido o no lo siento como válido......

Miren lo que les digo...."lo siento" y no les digo "lo pienso" como válido.....pues el pensamiento es de otra Era que ya quedó atrás en el 2012

"Lo siento" les digo yo...... pasen todo por su discernimiento que es la herramienta más maravillosa que tenemos......

El discernimiento..... la intuición..... no por la cabeza.....

Como siempre decimos si ustedes se hacen la pregunta o le hacen la pregunta a alguien...... como tu señalas a tu Ser?.....
Dónde Esta tu Ser en realidad?
Todo el mundo dice "aquí" señalando su corazón..... y nadie dice esto señalando su cabeza y su cerebro......

Comienza a comprender la Cuántica en nuestra vida.......

La Multidimensionalidad del Alma, del Ser, y de muchas cosas en la vida, como nuestra intuición, las conexiones interpersonales, las sincronicidades y mucho mas que trataremos en nuestros próximos libros.......

Que termine siendo una herramienta formidable para tu vida como lo fue para la mia y para la de miles de personas a esta altura.....nos despedimos en esta oportunidad..... dejándote tiempo para analizar..... para vivir..... para avanzar..... para evolucionar con esta en la Nueva Era de Acuario.....

Gracias..... Gracias...... Gracias.....

Namaste

A mi querido hijo…….

Y doble…….

Dedico el presente, poderoso descubrimiento que diera ya renovado sentido a la vida de mucha gente, a quien, dos septenios atrás diera pleno s e n t i d o   a   l a   m í a , redireccionando mis previos y automatizados pasos, en otros que, bajo su potente y cálida Luz, me permitieran el i n g r e s o   a   l a   e t a p a   d e trascendencia, iluminación, ascención y paz interior en la que me encuentro…….

Vida Eterna para ti!!!…….

Gracias gracias gracias

Jorge Wilcke

https://www.facebook.com/jwilcke

https://www.facebook.com/wilckej/

https://plus.google.com/u/0/+JorgeWilcke

@jorgewilcke

jorge.wilcke@biodeco.net

WApp   +59895006391

SMS   +59895006391

ISBN 978-9974-91-614-2

Otros Libros del Autor

https://www.amazon.com/dp/B07N36VVXQ

https://www.amazon.com/dp/B07374ZHTZ

www.ingramcontent.com/pod-product-compliance
Lightning Source LLC
Chambersburg PA
CBHW031923170526
45157CB00008B/3034